*teoria dos
números
para professores
do ensino
fundamental*

```
W187t    Wall, Edward S.
              Teoria dos números para professores do ensino
         fundamental / Edward S. Wall ; tradução: Roberto Cataldo
         Costa ; revisão técnica: Katia Stocco Smole. – Porto Alegre:
         AMGH, 2014.
              179 p. : il. ; 23 cm.

              ISBN 978-85-8055-352-9

              1. Matemática – Teoria dos números. 2. Matemática –
         Ensino fundamental. I. Título.

                                                   CDU 511:373.3
```

Catalogação na publicação: Suelen Spíndola Bilhar – CRB 10/2269

# EDWARD S. WALL
City College de Nova York

# teoria dos números para professores do ensino fundamental

Tradução:
Roberto Cataldo Costa

Revisão técnica desta edição:
Katia Stocco Smole
Doutora e Mestre em Educação (Ensino de Ciências e Matemática) pela Universidade de São Paulo (USP).
Coordenadora do Grupo Mathema.

AMGH Editora Ltda.
2014

Obra originalmente publicada sob o título
*Number Theory for Elementary School Teachers, 1st Edition*
ISBN 007337847X / 9780073378473

Original edition copyright © 2010, The McGraw-Hill Companies, Inc.,
New York, New York 10020. All rights reserved.

Portuguese language translation copyright © 2014, AMGH Editora Ltda.,
a Grupo A Educação S.A. company. All rights reserved.

Gerente editorial : *Letícia Bispo de Lima*

**Colaboraram nesta edição:**

Editora: *Lívia Allgayer Freitag*

Capa: *Márcio Monticelli*

Imagem da capa: *©shutterstock.com / R-O-M-A, Falling numbers*

Preparação de originais: *Gabriela Wondracek Linck*

Leitura final: *Cristine Henderson Severo*

Editoração: *Techbooks*

Reservados todos os direitos de publicação, em língua portuguesa, à
AMGH EDITORA LTDA., uma parceria entre GRUPO A EDUCAÇÃO S.A. e
McGRAW-HILL EDUCATION
Av. Jerônimo de Ornelas, 670 – Santana
90040-340 – Porto Alegre – RS
Fone: (51) 3027-7000    Fax: (51) 3027-7070

É proibida a duplicação ou reprodução deste volume, no todo ou em parte, sob quaisquer formas ou por quaisquer meios (eletrônico, mecânico, gravação, fotocópia, distribuição na Web e outros), sem permissão expressa da Editora.

Unidade São Paulo
Av. Embaixador Macedo Soares, 10.735 – Pavilhão 5 – Cond. Espace Center
Vila Anastácio – 05095-035 – São Paulo – SP
Fone: (11) 3665-1100    Fax: (11) 3667-1333

SAC 0800 703-3444 – www.grupoa.com.br

IMPRESSO NO BRASIL
*PRINTED IN BRAZIL*

*Para Malcolm Dade Wall, como prometi*

# Prefácio

Este livro foi escrito para preencher uma lacuna que parece existir no currículo tradicional de matemática e educação matemática, para estudantes de licenciatura, voltados ao ensino fundamental. Especificamente, vejo um hiato entre as disciplinas de matemática com foco na compreensão e prática dos estudantes de licenciatura a respeito da matemática presente no currículo fundamental, bem como no aprofundamento de sua compreensão e prática a respeito das *formas de ensino da matemática* na escola básica. No momento, tudo o que é aprendido parece ser reiterado de forma ineficaz durante todo o currículo de licenciatura. Os estudantes recebem formação matemática isolada das realidades de aprendizagem que as crianças têm da matemática, bem como uma formação em aprendizagem de matemática por crianças que é isolada das realidades da estrutura da matemática que está sendo aprendida.

Esse hiato pode ser superado levando-se a sério a ideia de integrar conhecimento do conteúdo e conhecimento sobre o ensino da matemática. Por exemplo, talvez seja possível mesclar, nas experiências curriculares de licenciatura, um conhecimento substancial de matemática e dos aspectos da aprendizagem de matemática das crianças que são relacionados ao desenvolvimento. Este livro pode ser visto como um passo nessa direção. De certa forma, foi construído com base no modelo de alguns dos livros sobre teoria dos números para graduação da década de 1940, por exemplo, o de Oystein Ore (1984), no sentido de que o tema é semelhante e há referências históricas razoavelmente bem desenvolvidas. A diferença básica é que, neste livro, as razões para se trabalhar um determinado tópico estão vinculadas concretamente – muitas vezes por meio de pequenas narrativas – ao trabalho e ao pensamento matemático que as crianças estão desenvolvendo nas salas de aula. Assim, a obra aborda, diretamente, grande parte da matemática dos anos iniciais, e o faz de uma maneira que proporciona motivações relevantes e pragmáticas para examinar mais profundamente a matemática desses anos, ao mesmo tempo em que dá ao leitor algumas dicas sobre sua estrutura mais profunda.

Este não é um livro para ser simplesmente lido. Ele foi criado para ser trabalhado. Ideias matemáticas não são assuntos para serem repetidos superficialmente. Em vez disso, é preciso se envolver com elas e explorá-las, pois são feitas para serem entendidas em ação. Muitas vezes, o fazer matemático se torna um pouco como atravessar correndo um belo parque só porque é um atalho para o nosso destino. Ao contrário da criança que anda lentamente, nós raramente nos demoramos a examinar uma flor especial ou caminhar impulsivamente por um desvio tortuoso. Economizamos tempo, mas a nossa experiência é empobrecida.

Assim – e aqui parafraseio Deborah Loewenberg Ball (1992) – escrevi este livro, em parte, para abrir os olhos dos professores e estudantes de licenciatura para as impressionantes capacidades matemáticas das crianças a quem ensinam – crianças que, na maioria das vezes, assimilam, em apenas alguns anos, a matemática que homens e mulheres inteligentes levaram séculos para entender. Tendo em mente a exuberância que muitas vezes as crianças trazem para a matemática (SILVER; STRUTCHENS; ZAWOJEWSKI, 1997), também escrevi este livro para dar a esses mesmíssimos professores mais prazer em seu próprio fazer matemático. Talvez este livro venha a estar entre aqueles que irão "[...] abrir a matemática a estudantes de licenciatura e professores da forma que merecem e da qual precisam" (BALL, 1992, p. 30). Talvez, à medida que eu for tentando, em minhas próprias aulas de metodologia de matemática, "abrir portas ... à aprendizagem de matemática pelos estudantes" (BALL, 1992, p. 30), este livro leve meus alunos além dessas minhas tentativas – um prazer que está na própria essência do processo educativo.

## AGRADECIMENTOS

Gostaria de agradecer, entre outros, a Deborah Loewenberg Ball, que tornou este livro provável, e a Alfred S. Posamentier, que o tornou possível.

**Edward S. Wall**
City College de Nova York

## REFERÊNCIAS

BALL, D. L. The permutations project: mathematics as a context for learning and teaching. In: FEINMAN-NEMSER, S.; FEATHERSTONE, H. (Ed.). *Exploring teaching*: reinventing an introductory course. New York: Teachers College, 1992.

ORE, O. *Number theory and its history*. New York: McGraw-Hill, 1948.

SILVER, E. A.; STRUTCHENS, M. E.; ZAWOJEWSKI, J. S. NAEP findings regarding race/ethnicity and gender: affective issues, mathematics performance, and instructional context. In: KENNEY, P. A.; SILVER, E. A. (Ed). *Results from the sixth mathematics assessment of the national assessment of educational progress*. Reston: National Council of Teachers of Mathematics, 1997. p. 33-59.

# Sumário

**Introdução**  11
    Números no mundo cotidiano  11
    Os números na sala de aula  12
    Teoria dos números  14

**Capítulo 1**  *Explicações e argumentos matemáticos*  17
    Raciocínio e prova a partir de uma perspectiva histórica  18
    Raciocínio e prova a partir de uma perspectiva do desenvolvimento  19
    Variedades de prova  19

**Capítulo 2**  *Contagem e registro de números*  27
    Os números e a contagem a partir de uma perspectiva histórica  27
    Os números e a contagem a partir de uma perspectiva do desenvolvimento  29
    A arte de contar  30
    Sistemas numéricos posicionais  36
    Grandes números  38

**Capítulo 3**  *Adições*  41
    A adição a partir de uma perspectiva histórica  41
    A adição a partir de uma perspectiva do desenvolvimento  44
    Algoritmos de adição de números inteiros  46
    Séries aritméticas e números figurados  51
    Problemas indeterminados  55

**Capítulo 4**  *Diferenças*  61
    A subtração a partir de uma perspectiva histórica  61
    A subtração a partir de uma perspectiva do desenvolvimento  64
    Algoritmos de subtração de números inteiros  67
    Números negativos  71

**Capítulo 5**  *Múltiplos*  79
    A multiplicação a partir de uma perspectiva histórica  79
    A multiplicação a partir de uma perspectiva do desenvolvimento  83
    Algoritmos de multiplicação de números inteiros  85
    Números primos e fatoração  87

**Capítulo 6**  *Divisibilidade e restos*  94
    A divisão a partir de uma perspectiva histórica  94
    A divisão a partir de uma perspectiva do desenvolvimento  98
    Algoritmos de divisão de números inteiros  100
    Aritmética do relógio e modular  102
    Regras de divisibilidade  106
    A prova dos nove  107
    Problemas indeterminados, mais uma vez  109

**Capítulo 7**  *Frações*  112
    As frações a partir de uma perspectiva histórica  112
    As frações a partir de uma perspectiva do desenvolvimento  114
    Aritmética de frações  115
    Razões e proporcionalidade  125

**Capítulo 8**  *Decimais*  130
    Os decimais a partir de uma perspectiva histórica  130
    Os decimais a partir de uma perspectiva do desenvolvimento  131
    Aritmética decimal  133
    Decimais infinitos  135

**Capítulo 9**  *Números reais*  140
    Os números reais a partir de uma perspectiva histórica  142
    Os números reais a partir de uma perspectiva do desenvolvimento  145
    Aritmética com os números reais  146
    Teorema de Pitágoras  149
    Frações contínuas  152

**Capítulo 10**  *Números transfinitos*  156
    O infinito a partir de uma perspectiva histórica  156
    O infinito a partir de uma perspectiva do desenvolvimento  157
    Variedades do infinito  159
    Aritmética com números infinitos  164

**Apêndice**  *Ferramentas para a compreensão*  169

**Índice**  175

# *Introdução*

A arte da aritmética, ao que parece, faz parte de nossa herança genética. Os bebês, no 6º mês, demonstram uma capacidade de reconhecer um pequeno número de objetos – dois ou três – e de "[...] combiná-los em adições e subtrações elementares." (DEHAENE, 1997, p. 62). Essas disposições (como ao levantar três dedos para indicar o terceiro aniversário) se mantêm durante a primeira infância, os anos iniciais. Mas, infelizmente, e por razões que ainda não são totalmente compreendidas, interesse e curiosidade são muitas vezes substituídos por frustração e tédio nos anos mais avançados do ensino fundamental.

Ao mesmo tempo, a relação cotidiana de uma criança com a aritmética é conduzida, como tem sido ao longo da história registrada, pelo comércio. Está no dinheiro, na compra de alimentos, em como se pesa um quilo e em como se mede um centímetro. Essas influências podem ser ainda mais poderosas do que as vivenciadas na escola. Consideremos a seguinte história.[1]

> Pedro é aluno do segundo ano e é bastante proficiente em escrita, contagem e adição. O aniversário de sua mãe está chegando e ele quer comprar um presente que custe 25 centavos. Ele vai guardando a mesada e, no grande dia, entra na loja, dirige-se ao proprietário, aponta o objeto em questão e coloca cuidadosamente suas moedas – duas de 1 centavo e uma de 5 – sobre o balcão.

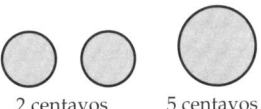
2 centavos   5 centavos

> O dono da loja olha para o dinheiro e diz: "Aí só tem 7 centavos. Isso custa 25 centavos".

Neste momento, Pedro se depara com o valor posicional. Seu desempenho obediente e hábil em matemática de 2º ano é confrontado com as necessidades da matemática do comércio. Pedro, sugiro, não é atípico.

## NÚMEROS NO MUNDO COTIDIANO

Já se disse que a escola existe, em grande parte, com a finalidade de sociabilizar as crianças e, com um olho na vida adulta, formar habilidades cruciais, como leitura, escrita e aritmética. Embora se saiba que a falta de habilidade em aritmética impõe obstáculos ao exercício de muitas profissões, não está claro qual é a relação entre o domínio da aritmética escolar e o sucesso adulto no comércio. A educadora matemática Marilyn Burns escreve sobre uma conversa com uma amiga, Bárbara, que é uma bem-sucedida decoradora de interiores:

> "Nunca fui boa em matemática", ela me disse uma vez. "Sou muito grata por ter um trabalho que não depende de matemática".
> Olhei para ela com espanto. Para fazer seu trabalho, ela tem de medir as dimensões de quartos em função de pisos e papel de parede, calcular metragem para cortinas e estofados, calcular o custo das mercadorias e preparar orçamentos para clientes, incluindo as porcentagens por seus serviços. Já vi Bárbara avaliar o tamanho de salas, seus olhos correndo de um lado para o outro quando ela calculava mentalmente a área do chão, o pé direito, a colocação de janelas e portas, sugerir a quantidade, o tamanho e a proporção dos móveis, preparar uma estimativa de orçamento que é surpreendentemente próxima do custo real. Vivenciei isso de perto quando remodelamos nossa casa. Ela não sabia nada de matemática? Do que ela estava falando?
> Perguntei a ela. "Ah, isso?", ela disse, "Isso é fácil. São aquelas páginas dos problemas de matemática no livro que eu nunca conseguia fazer." (BURNS, 1998).

A matemática de Bárbara e Pedro é a matemática do mundo cotidiano, por isso, muitas vezes, é aprendida por meio de algum nível de tentativa e erro. Isso é típico dessa matemática como era típico da maioria do fazer matemático até meados do século XIII – com a notável exceção, no Ocidente, de um breve período de história grega (HOYRUP, 1994). O que acho interessante em tudo isso é que a experiência matemática cotidiana de Pedro, em certo sentido, traz compreensão à sua experiência escolar. E a experiência matemática cotidiana de Bárbara, embora pareça ter pouca relação com as páginas das quais ela se lembra em seu livro de matemática, traz compreensão à profissão escolhida. Tanto Bárbara quanto Pedro parecem estar em um ponto em que adquiriram, às suas próprias maneiras, uma compreensão mais profunda do uso da matemática. Eles têm, ou estão desenvolvendo, fluência com cálculo.

## OS NÚMEROS NA SALA DE AULA

Não quero dar a impressão de que a matemática da sala de aula não tem nada a ver com a matemática do comércio; é claro que ela tem muito em comum com a matemática do cotidiano, mas não está claro como a matemática da sala de aula se transfere para além das fronteiras da escola (LAVE, 1988). Este hiato sugere a alguns que os professores devem fazer um esforço considerável na tentativa de contextualizar a matemática, tentando torná-la realista e, portanto, relevante. Isso, contudo, pode ser uma armadilha. O contexto escolar, em si, é um pouco artificial, e talvez proporcione necessariamente poucas experiências *realistas* de vida, em termos relativos. As crianças não estão necessariamente sendo equipadas de forma direta, por sua experiência escolar, para se envolverem em decoração de interiores, agricultura, venda de doces, produção de roupas sob medida, ou para a colocação de um pixel em uma tela de computador. Em vez disso, estão sendo bastante preparadas para assumir posições de responsabilidade em uma sociedade altamente tecnológica. Espera-se que estejam sendo instruídas a serem cuidadosas e criativamente críticas. A forma precisa como isso se dá ainda não se conhece, mas vamos começar por considerar a seguinte história.

Seria um dia mais ou menos típico em uma sala de aula mais ou menos típica, com os alunos mais ou menos típicos. Mas não foi. Meus alunos começaram com uma série de perguntas simples que me deixaram sem resposta.

"Professora Smith, de onde vêm os números? Quem inventou o zero?"

"Eles vêm do passado", balbuciei, mal escondendo a minha ignorância.

"A senhora pode nos dizer como os romanos fizeram a conta deles?", perguntou outro.

"Venho tentando fazer multiplicação com números romanos faz dias, e não chego a lugar nenhum com isso."

"Não dá para fazer contas com esses números", interrompe outro aluno.

"O meu pai me disse que os romanos faziam contas como os chineses fazem hoje, com um ábaco." (IFRAH, 2000).

O que se faz em um caso como esse?

Uma resposta que leve em conta respeitosamente esse tipo de perguntas dos alunos precisa refletir uma matemática escolar que vá além da aprendizagem procedimental mecânica[2] e inclua uma boa quantidade de compreensão conceitual. A forma como o professor deve enquadrar tudo isso, na era pós-moderna de hoje, provocou um debate acirrado nos últimos tempos. No entanto, duas coisas se destacam. Em primeiro lugar, a maioria das crianças[3] pequenas vem às nossas salas de aula com um imenso talento matemático. Esse talento, como demonstram os alunos da história, baseia-se tanto em conversas matemáticas com pais e pares quanto em suas próprias experiências de matemática.

Não obstante, nós, os professores, muitas vezes parecemos prestar pouca atenção ao que as crianças estão pensando. Se uma criança insiste em que

$$\begin{array}{r} 200 \\ -\ 190 \\ \hline 190 \end{array}$$

argumentando que 0 menos 0 é 0, que você não pode tirar 9 de 0, então deixa o 9, e que 1 menos 1 é 1, então há de fato a necessidade de intervir. Mas pode ser que a abordagem que deva mudar seja a do próprio professor! Ouvir com respeito, ouvir, mesmo que você tenha comichão para falar, incentiva a receptividade e a discussão produtiva. Não surpreende que a escuta que acontece como uma armadilha possa gerar desconfiança e antipatia.

Em segundo lugar, a capacidade de ouvir com respeito à matemática do aluno do ensino fundamental parece derivar do conhecimento e da apreciação que a pessoa tem acerca dessa matemática. A professora Smith parece ignorar o desenvolvimento histórico da matemática. Em vez de aproveitar a oportunidade que as perguntas de seus alunos oferecem para discutir zero, sistema de posições ou o algoritmo convencional de multiplicação, ela não consegue fazer muito mais do que *suspirar*. Infelizmente, esse conhecimento e essa apreciação também são raros em matemáticos e professores do ensino fundamental. Talvez seja porque, para os adultos, o que antes era novo e desafiador parece agora óbvio ou até mesmo tedioso. Ao ensinar aritmética, raramente falamos da história do trabalho com números ou da emoção de uma compreensão profunda da matemática fundamental.[4]

## TEORIA DOS NÚMEROS

Com tudo isso em mente, este livro é, basicamente, uma exploração da matemática da sala de aula no ensino fundamental. Nesse sentido, é dirigido, em essência, para examinar os fundamentos dessa matemática, para que você, professor, possa reavaliar sua compreensão e a de seus alunos dessa matemática. Tentei mesclar a matemática de sala de aula e a matemática do cotidiano em um todo informativo e, depois, reexaminar os princípios que lhe dão vida. Algumas vezes, isso me levou a detalhar a estrutura de um determinado algoritmo no contexto do que ele implica e do impressionante desenvolvimento matemático das crianças. Outras vezes, levou-me a examinar o desenvolvimento desses algoritmos e seus paralelos no atual currículo escolar de matemática.

Seja qual for a abordagem que eu assuma, concluo que a matemática que abordei foi melhor enquadrada por uma teoria dos números que anteceda Pitágoras – uma teoria dos números em que a própria teoria dos números e a matemática do comércio sejam ludicamente integradas ao que tem sido chamado de matemática recreativa. Oystein Ore (1948), entre outros, parece atestar essas conexões em sua discussão de "Problemas intermediários", como ele se refere ao curioso cálculo

| Casas | 7 |
| Gatos | 49 |
| Camundongos | 343 |
| Espigas de trigo | 2.401 |
| Medida Hekat | 16.807 |
| Total | 19.607 |

que aparece no papiro de Rhind (cerca de 1650 a. C.), e a um problema no *Liber Abaci*, de Leonardo Pisano (AD 1202):[5]

> Sete velhas na estrada para Roma, cada uma tem sete mulas, cada mula carrega sete sacos, cada saco contém sete pães, com cada pão há sete facas e cada faca está em sete bainhas. Quantos objetos há, entre mulheres, mulas, sacos, pães, facas e bainhas?

Dickson (1952, p.3), a esse respeito, ressalta que o interesse na teoria dos números é "[...] compartilhado, em um extremo, por quase todos os matemáticos conhecidos e, em outro extremo, por inúmeros amadores atraídos por nenhuma outra parte da matemática."

A matemática recreativa, embora não necessariamente retrate a vida ou o real, continua a fornecer contextos envolventes para explorar a matemática. Por mais de um século, houve o *Ladies' Diary*,[6] cujo subtítulo declara: "Contendo novos avanços nas ARTES e nas CIÊNCIAS, e muitos casos INTERESSANTES: voltado ao USO E À DIVERSÃO DO BELO SEXO". Havia os enigmas matemáticos de Sam Loyd,[7] publicados no *Brooklyn Daily Eagle* (1890-1911) e no *Woman's Home Companion* (1904-1911). Havia a coluna de Martin Gardner na *Scientific American*, "Jogos Matemáticos", que foi de 1956 a 1986. E hoje existem alguns dos enigmas semanais que vão ao ar no *Car Talk da National Public Radio*:[8]

> Recentemente, visitei a minha mãe e percebemos que os dois algarismos que compõem a minha idade, quando invertidos, resultavam na idade dela. Por exemplo, se ela tem 73, tenho 37. Nós nos perguntamos quantas vezes isso aconteceu ao longo dos anos, mas nos distraímos com outros assuntos e não chegamos a uma resposta.

Quando cheguei em casa, vi que os algarismos de nossas idades foram reversíveis seis vezes até agora. Também vi que, se tivermos sorte, isso iria acontecer novamente daqui a alguns anos e, se tivermos muita sorte, aconteceria mais uma vez depois disso. Em outras palavras, teria acontecido oito vezes ao todo. Então, a pergunta é: que idade tenho agora?

O fato de que essa matemática não faz parte da nossa experiência cotidiana é irrelevante. O matemático Richard Guy teria dito:[9] "Na verdade, a maior parte da matemática sempre foi recreativa... Apenas uma minúscula fração de toda a matemática é realmente aplicada ou usada."

Esse tipo de orientação significa que, dependendo do leitor, posso ter tocado em perspectivas matemáticas anteriormente inexploradas para sugerir as profundezas e delícias naquilo que pode parecer matematicamente mundano. Tentei manter a manipulação de símbolos ao mínimo – o Apêndice pode ajudar na interpretação daqueles que não aparecem – mas os símbolos são uma parte essencial do fazer matemático, já que, em nome da eficiência, ele evoluiu para se tornar muito visual.

## NOTAS

1. Esta história é da década de 1950.
2. Suspeito que haja algum mal-entendido sobre os termos *conceitual* e *procedimental*. Ser competente em termos procedimentais geralmente inclui alguma compreensão conceitual do porquê e do quê se está fazendo.
3. Embora possa haver exceções notáveis, elas são muito poucas.
4. Para uma discussão sobre isso, ver MA, L. *Knowing and teaching elementary mathematics*. Mahwah: Erlbaum, 1999.
5. Uma versão mais recente desse problema envolve o significado da palavra *encontrar*. Ela começa assim: "Quando eu estava indo para St. Ives, encontrei um homem com sete esposas", e termina com: "Quantos estavam indo para St. Ives?".
6. Publicado pela primeira vez em 1704. Shelly Costa faz uma análise intrigante dos leitores em The Ladies' Diary: gender, mathematics, and civil society in early-eighteenth-century England. *Science and Civil Society*, Osiris, 2nd series, v. 17, p. 49-73, 2002.
7. Ver, por exemplo, GARDNER, M. (Ed.). *Mathematical puzzles of Sam Loyd*. New York: Dover, 1959.
8. Ligeiramente adaptado de um enigma constante do arquivo de Car Talk (http://www.cartalk.com).
9. Veja http://www.maa.org

## REFERÊNCIAS

BURNS, M. *Math*: facing an American phobia. Sausalito: Math Solutions, 1998.
DEHAENE, S. *The number sense*. New York: Oxford University, 1997.
DICKSON, L. E. *History of the theory of numbers*: divisibility and primality. New York: Chelsea, 1952.
HOYRUP, J. *Measure, number, and weight*. Albany: SUNY, 1994.
IFRAH, G. *The universal history of numbers*. New York: Wiley, 2000.
LAVE, J. *Cognition in practice*. New York: Cambridge University, 1988.
ORE, O. *Number theory and its history*. New York: McGraw-Hill, 1948.

# Explicações e argumentos matemáticos

**CAPÍTULO 1**

Este capítulo trata da arte das explicações e dos argumentos matemáticos. Primeiramente, analisarei essa arte em termos de sua história e seu desenvolvimento e, depois, vamos dar uma olhada mais de perto em algumas das formas mais comuns de explicações e argumentos matemáticos que caracterizam a noção moderna de prova. Meu objetivo não é ensinar a prova em si – embora peça, aqui e em capítulos posteriores, que você tente fazer uma prova – e proporcionar uma introdução modesta às habilidades de desenvolvimento e leitura de provas.

Para preparar o terreno, por assim dizer, comecemos com a história curta de uma sala de aula da educação infantil. A professora Austin-Page vem usando blocos de montar para ajudar seus alunos a ampliar e desenvolver seu sentido de espaço. Nesta história, ouvimos como a professora pergunta aos alunos o que aprenderam hoje (ANDREWS, 1999).

> José levanta a mão freneticamente, exclamando: "Consigo provar que um triângulo é igual a um quadrado". A professora pede a ele para contar mais à turma sobre sua descoberta. José vai para o canto onde estão os blocos e retorna com dois meios blocos quadrados, dois meios blocos triangulares e um bloco retangular.

> "Olha só", ele diz com orgulho. "Se estes dois [levanta os meios blocos quadrados] são os mesmos que este [levanta o bloco retangular],

> e estes dois [agora levanta os meios blocos triangulares] são os mesmos que este [levanta o bloco retangular de novo],

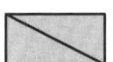 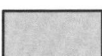

> este quadrado tem de ser o mesmo que este triângulo [levanta o meio bloco quadrado e o meio bloco triangular]!"

Embora a maneira de José falar – sua afirmação de que as formas eram "iguais" – não seja matematicamente correta (por exemplo, as formas não são congruentes), fico intrigado com a sua explicação e seu uso do termo *prova*. E se, por exemplo, ele tivesse dito: "A área deste quadrado é igual à área deste triângulo porque cada um deles é metade da área do mesmo retângulo maior", e continuasse com sua demonstração? Em que sentido isso pode ser considerado uma prova ou, pelo menos, uma demonstração convincente?

## RACIOCÍNIO E PROVA A PARTIR DE UMA PERSPECTIVA HISTÓRICA

A história das explicações e dos argumentos matemáticos é complicada pelo fato de que aquilo que hoje aceitamos como paradigmático da prova matemática é uma metodologia que surgiu por volta de 300 a. C., em grande parte graças aos esforços de Euclides de Alexandria. No entanto, como indica a Figura 1.1, as civilizações da Índia e da China produziram muito, em termos de explicações e argumentos matemáticos, daquilo que Euclides, muito possivelmente, mais tarde codificou em seu *Os elementos*. Um exemplo é seu enunciado e suas soluções para o que veio a ser conhecido como *Teorema* de Pitágoras (em um triângulo retângulo qualquer, a soma das áreas dos quadrados construídos nos catetos é igual à área do quadrado construído na hipotenusa).

À luz de *Os elementos*, de Euclides, os argumentos e explicações anteriores devem ser considerados demonstrações convincentes.[1] Isso porque, como observa José (1994), há uma diferença essencial entre a prova indiana (*upapattis*) e a prova grega (*apodeixis*). O objetivo de um estudioso indiano era convencer o aluno inteligente da validade, de forma que uma demonstração visual era uma forma aceitável de argumento. A *apodeixis* grega, por outro lado, ainda que muitas vezes incluísse uma demonstração geométrica, era construída a partir de axiomas selecionados e se baseava na lógica proposicional. Ambos, argumenta José, empregavam a dedução lógica.

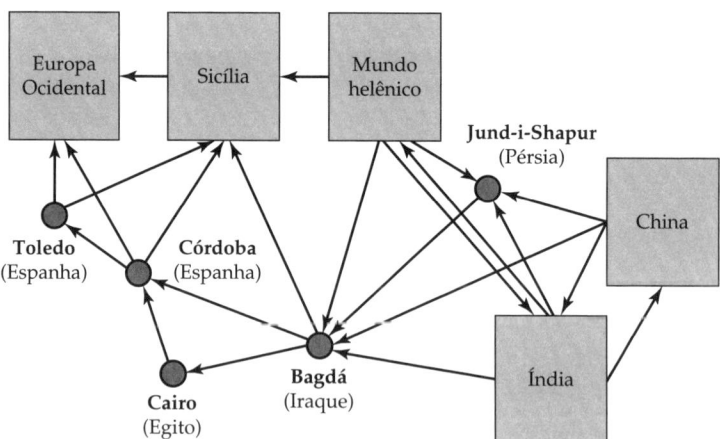

**FIGURA 1.1** Desenvolvimento matemático durante a Idade das Trevas.
*Fonte:* Adaptado de JOSEPH (1991, p. 10).

## RACIOCÍNIO E PROVA A PARTIR DE UMA PERSPECTIVA DO DESENVOLVIMENTO

Como já indiquei, a noção de prova ocorre muito cedo no desenvolvimento de uma pessoa. José, nosso aluno da educação infantil, certamente apresentou uma demonstração convincente – que depende da forma dos blocos, da forma dos quadrados e da forma do retângulo produzido. A abordagem experimental de José à prova é um tanto típica do que se vê no currículo do ensino fundamental. Consigo provar que 5 é a solução para

$$3 + ? = 8$$

experimentando números de 1 a 10. De certa forma, nos primeiros anos, não há necessidade de empregar mais do que um processo de tentativa e erro com reflexão.

Mais ou menos no 3º ano, costuma acontecer uma mudança na eficácia percebida do método de tentativa e erro. As habilidades de contagem de crianças se desenvolvem até o ponto onde elas começam a perceber que "os números avançam para sempre". Enunciados como:

Um número par mais um número ímpar é igual a um número ímpar

embora demonstráveis para números de tamanho moderado, não o são quando se trata de números verdadeiramente grandes. Muitas vezes se pede que as crianças acreditem na estrutura de um sistema que já não podem contar nos dedos.

## VARIEDADES DE PROVA

Discutirei, de forma breve, quatro variedades de prova: a prova por exaustão, a prova por postulados, a prova por indução e a prova por contradição. Essas variedades diferem em sua estrutura, mas têm pelo menos três coisas em comum. Exigem que você – a pessoa que faz a prova – tenha observado algum tipo de padrão sistemático (por exemplo, José observou que dois triângulos e dois quadrados formam um determinado retângulo). Elas demandam que você faça algum tipo de enunciado sobre o padrão que vê. (Nos anos do ensino fundamental, isso costuma ser chamado de *conjectura*, mas afirmações mais fortes incluem *proposições*, *preceitos* ou *teoremas*.) E exigem que você defenda essa afirmação de forma lógica.

### Prova por exaustão

Aqui está um problema (BALL, 1992) que pode ser apresentado em uma sala de aula do 3º ano (de forma reduzida em uma sala de 2º ano, e aumentada no 4º ano e depois dela):

Tenho moedas de 1, 5 e 10 centavos no bolso, e pego três delas. Quais seriam as diferentes quantias que eu poderia ter?

> **PROBLEMA 1.1**
>
> Escreva este problema em uma folha de papel. Feche este livro e experimente, em princípio, sua própria solução sistemática.
>
> Se você for tentado a pular este passo (ou ignorar qualquer um dos problemas deste livro), lembre-se de que a matemática é algo que você *faz*, não é algo sobre o qual você simplesmente *reflete*. Nisso, é um pouco como a natação. Não é uma boa ideia pular na água profunda sem primeiro praticar as braçadas sobre as quais já leu tanto.

Uma solução possível (com alguma ajuda do professor para montar as tabelas) pode assumir a forma mostrada na Figura 1.2. Como você pode ver, há dez soluções para este problema. Mas isso é tudo? Na verdade, você pode *provar* que só existem dez?

Quando fiz esta pergunta, os alunos muitas vezes responderam que tentaram várias combinações, mas que, depois de um tempo, começaram a se repetir. Outros dizem que eles e seus colegas têm o mesmo número de soluções, de modo que essas devem ser todas as possíveis. Esse tipo de resposta pode ser um pouco convincente, mas não é uma prova. Preciso de algum tipo de apresentação padronizada que forneça a base para um argumento convincente. Que tal a Figura 1.3?

Em referência a esta segunda solução, observo que as alternativas são: nenhuma moeda de 10 centavos, uma moeda de 10 centavos, duas ou três moedas de 10 centavos. Assim, tenho quatro casos,

1. *Nenhuma moeda de 10 centavos*. Bom, tenho, no máximo, três moedas de 1 centavo. Então, começando com essas três moedas, troco, passo a passo, cada moeda de 1 centavo por uma de 5, e obtenho exatamente quatro combinações.
2. *Uma moeda de 10 centavos*. Tenho no máximo duas moedas de 1 centavo. Então, começando com essas duas moedas de 1 centavo, troco, passo a passo, cada uma por uma moeda de 5 centavos. Obtenho exatamente três combinações.
3. *Duas moedas de 10 centavos*. Tenho no máximo uma moeda de 1 centavo. Então, começando com essa moeda, troco, passo a passo, cada centavo por 5 centavos. Obtenho exatamente duas combinações.
4. *Três moedas de 10 centavos*. É apenas uma combinação.

| 1 centavo | 5 centavos | 10 centavos | Total |
|---|---|---|---|
| 1 | 1 | 1 | 16c |
| – | 3 | – | 15c |
| 1 | – | 2 | 21c |
| 2 | 1 | – | 7c |
| 2 | – | 1 | 12c |
| – | – | 3 | 30c |
| 1 | 2 | – | 11c |
| – | 2 | 1 | 20c |
| – | 1 | 2 | 25c |
| 3 | – | – | 3c |

**FIGURA 1.2** Primeira solução para três moedas.
*Fonte:* O autor.

| 1 centavo | 5 centavos | 10 centavos | Total |
|---|---|---|---|
| 3 | – | – | 3c |
| 2 | 1 | – | 7c |
| 1 | 2 | – | 11c |
| – | 3 | – | 15c |
| 2 | – | 1 | 12c |
| 1 | 1 | 1 | 16c |
| – | 2 | 1 | 20c |
| 1 | – | 2 | 21c |
| – | 1 | 2 | 25c |
| – | – | 3 | 30c |

**FIGURA 1.3** Segunda solução para três moedas.
*Fonte:* O autor.

Assim sendo – e isto é uma típica prova por exaustão – há exatamente dez soluções para o problema.

Observe que, graças ao padrão, há um sentido em que a minha segunda solução é esteticamente mais agradável do que a primeira. Além disso, observe que não preciso especificar combinações, porque a solução para o problema pode ser obtida da seguinte forma: Comece com o menor valor – apenas moedas de 1 centavo – e, em seguida, àqueles 3 centavos,

1. Adicione 4 centavos um total de três vezes (7 centavos, 11 centavos, 15 centavos).
2. Adicione 9 centavos para um total de 12 centavos, e a estes 12 centavos, adicione 4 centavos, um total de duas vezes (16 centavos e 20 centavos).
3. Adicione 18 centavos (9 + 9) para um total de 21 centavos, e a estes 21 centavos, adicione 4 centavos de um total de uma vez (25 centavos).
4. Adicione 27 centavos (9 + 9 + 9) para um total de 30 centavos.

Assim, o número total de soluções é 4 + 3 + 2 + 1 = 10.

### PROBLEMA 1.2

a. Na minha solução, explique de onde vêm os 4 centavos e os 9 centavos.
b. Prove que, para quatro moedas, as soluções são: 4, 8, 12, 16, 20, 13, 17, 21, 25, 22, 26, 30, 31, 35 e 40 centavos e, é claro, o número de soluções é exatamente 5 + 4 + 3 + 2 + 1 = 15.

## Provas por postulados

Esse tipo de prova – a prova por *apodeixis* – tende a ser muito mais eficiente do que a prova por exaustão, porque costuma partir de axiomas, definições, e algum padrão observado. Se, por exemplo, quisesse ampliar o problema das moedas para números cada vez maiores de moedas, uma prova por exaustão se tornaria realmente exaustiva. Embora o problema da moeda se preste a *apodeixis*, apresentarei duas provas por postulados de que

Um número par mais um número par é igual a um número par.

A primeira, observei em salas de aula de 3º ano; a segunda é mais típica em cursos de álgebra para iniciantes.

Ao apresentar uma prova por postulados, preciso avançar logicamente a partir de alguns fatos conhecidos – geralmente, definições e/ou axiomas – para algum fato novo. No 3º ano, a definição mais comum de *número par* é a contagem de um grupo de objetos no qual cada um tem um parceiro. Por exemplo,

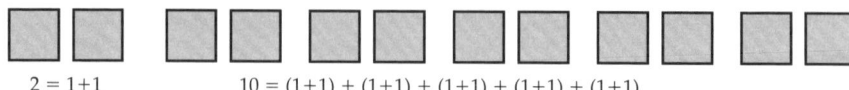

2 = 1+1        10 = (1+1) + (1+1) + (1+1) + (1+1) + (1+1)

Uma prova por postulados de 3º ano é mais ou menos assim:

> Um número é par se, e apenas se, for um grupo de pares. A soma de dois números pares é o mesmo que a combinação dos dois grupos de pares. Mas, então, você tem um grupo de pares que, por definição, representa um número par.

Aqui está uma prova por postulados simbólica. Mais uma vez, preciso de uma definição de *número par*. Um aluno de álgebra iniciante pode dizer que um número é par se, e apenas se, estiver na forma $2 \cdot n$, onde $n$ é um número inteiro. A prova é mais ou menos assim:

> Você tem dois números pares, $2 \cdot n$ e $2 \cdot m$, onde $m$ e $n$ são números inteiros. A soma deles é
> $$2 \cdot n + 2 \cdot m = 2 \cdot (m + n)$$

No entanto, como $m + n$ é um número inteiro,[2] eu tenho, por definição, que $2 \cdot (m + n)$ é um número par.

### PROBLEMA 1.3

Prove que um número par mais um número ímpar é igual a um número ímpar. *Dica*: Você tem uma definição de número par; você precisa de uma definição para número ímpar.

## Provas por indução

A linha divisória entre indução matemática e prova por postulados não é muito clara, porque a primeira requer raciocínio apodíctico (raciocínio com base na prova grega, *apodeixis*). No entanto, as provas por indução assumem uma forma especial, e são especialmente eficazes quando desejamos estabelecer um enunciado que seja verdadeiro para todos os números inteiros. Portanto, vale a pena destacar essas provas em uma seção própria. A ideia é a seguinte:

1. Demonstro que o primeiro enunciado $P_0$ de uma sequência infinita de enunciados é verdadeiro (a propósito, não é necessário começar com 0).
2. A seguir, provo (efetivamente, uma prova por postulados) que, se o enunciado arbitrário $P_n$ na sequência infinita de enunciados é verdadeiro, como são todos os enunciados anteriores a esse enunciado arbitrário, a próxima instrução $P_{n+1}$ também o é.

Se eu puder fazer dessa forma, considerando-se que a minha escolha do enunciado $P_n$ foi arbitrária, isso deve aplicar-se a todos os enunciados. Pense a respeito. Digamos que haja um primeiro enunciado $P_{m+1}$ na minha sequência que era falso. Nesse caso, o enunciado $P_m$ é verdadeiro. No entanto, dado o passo 2 acima, isso leva a uma contradição.

Examinemos uma prova por indução para esclarecer um pouco a situação. Começo com a seguinte situação:

> Tenho um monte de blocos que são vermelhos ou azuis e, usando somente essas cores, quero construir todas as torres possíveis de altura 4. Quantas torres existem?

### PROBLEMA 1.4

Escreva este problema em um pedaço de papel. Feche este livro e tente a sua própria solução sistemática.

Se eu listar as torres – em essência, uma prova por exaustão – obtenho, simbolicamente, (V indica um bloco vermelho e A indica um bloco azul) o seguinte:

V V V V V V V V A A A A A A A A
V V V V A A A A V V V V A A A A
V V A A V V A A V V A A V V A A
V A V A V A V A V A V A V A V A

o que indica que existem 16 possibilidades.

Se testasse o problema com torres de altura 5, descobriria 32 possibilidades. Isso implica que o número de torres de altura $N$ seja $2^N$. Esta é uma conjectura razoável, mas preciso *prová-la*. Uma prova por indução pode ser mais ou menos assim:

Passo 1: Para torres com altura de 1 bloco, tenho apenas o bloco vermelho ou o bloco azul. Isso significa duas possibilidades ao todo, e $2^1 = 2$. Assim, minha fórmula funciona para torres de altura 1.

Passo 2: Preciso mostrar se $2^n$ é o número de torres que têm altura $n$, de modo que $2^n + 1$ seja o número de torres de altura $n + 1$. Portanto, imagino que tenho uma sala cheia de todas as torres ($2^n$ torres) de altura $n$. Para tornar a altura das torres $n + 1$, posso acrescentar um vermelho ou um azul ao topo de cada uma dessas torres. Digamos que eu acrescente um vermelho ao topo de todas as torres. Agora, tenho $2^n$ torres de altura $n + 1$, com um vermelho no topo. Da mesma forma, se eu acrescentar um azul, terei $2^n$ torres de altura $n + 1$, com um azul no topo. Juntas, essas são todas as minhas torres possíveis que têm altura de $n + 1$ blocos:

$$\begin{array}{cc} \text{azul} & \text{vermelho} \\ \text{topo} & \text{topo} \\ 2^n \quad + & 2^n = 2 \cdot 2^n \\ & = 2^n + 1 \end{array}$$

como se queria demonstrar.

## PROBLEMA 1.5

Apresente uma prova por indução de que, se você puder usar apenas blocos vermelhos, azuis e verdes, o número de torres possíveis com altura de $N$ blocos será $3^N$.

## Provas por contradição

Uma prova por contradição estabelece a verdade de um enunciado ao pressupor que é falso e, com base nessa premissa, deduzir uma contradição. Considere a seguinte história:

Susie vem até a escrivaninha. "Professor Bass", ela diz, "tenho uma conjectura. Estivemos falando de números primos. Sabe como é, aqueles números que só são divisíveis por si mesmos e 1. Como o 19! Fiz uns experimentos. Não acho que qualquer número entre 1 e 11 seja a diferença de dois números primos." O professor Bass pensa um momento e diz: "E 3 menos 2?". Susie franze a testa: "Pensei que o senhor tinha dito que não tínhamos que fazer um, mas, de qualquer forma, eu disse 'entre 1 e 11'. Então, acho que é este [e aponta o 1]". O professor sorri e pergunta: "Isso é outra conjectura?". Susie sorri e responde: "Ainda não. Preciso experimentar mais". O professor diz: "OK. E que tal 5 menos 3?". Susie franze a testa e diz: "Eu me esqueci do 2 porque ele é muito estranho. Um primo par! Mas tenho certeza sobre o resto [ela não parece ter certeza]. Ah, não! Acabo de me dar conta de que 23 menos 13 é 10! Acho que não é uma boa conjectura". O professor sorri. "Talvez devêssemos chamar o resto da turma para ajudar. OK, que tal algo como... [E ele escreve e diz]:

*A questão de Susie*

Quais números entre 1 e 11 não são a diferença de dois números primos? Prove suas respostas.

Então, ele sorri e diz: "Você quer incluir esse negócio do 1?". Susie ri, "Sim!". E, então, o professor Bass acrescenta

*A conjectura de Susie*

A única situação em que 1 é a diferença entre dois números primos é quando esses números primos são 2 e 3 (2 menos 1 não conta). Prove sua resposta.

## PROBLEMA 1.6

Escreva a questão de Susie e sua conjectura em um pedaço de papel. Feche este livro e tente suas próprias soluções sistemáticas.

A maioria das crianças (e muitos adultos) que tenta responder à questão de Susie observa que

| $5 - 3 = 2$ | $7 - 3 = 4$ | $17 - 11 = 6$ | $13 - 5 = 8$ | $17 - 7 = 10$ |
| $5 - 2 = 3$ | $7 - 2 = 5$ | $11 - 2 = 9$ | | |

mas não consegue encontrar dois números primos cuja diferença seja 7. Isso parece indicar que 7 é, de fato, o único número entre 1 e 11 que não é a diferença de dois números primos. No entanto, há muitos números primos e, é claro, não podemos experimentar todos. Para solucionar a situação, deixe-me apresentar uma prova por contradição:

Começo pressupondo o contrário; que há, de fato, dois primos $x$ e $y$ cuja diferença é 7. Isto é,
$$x - y = 7$$
Observe que isso sugere que
$$x = y + 7$$
Agora, 7 é ímpar e tenho dois casos:[3]

Caso 1: Se $y$ é ímpar, $x$ deve ser par e primo. Isso só é possível se $x$ for 2. No entanto, é claro que $x$ é maior do que 7. Então, $y$ não pode ser ímpar.

Caso 2: Então, $y$ deve ser par. Isto é, $y$ tem de ser 2. Logo, $x$ deve ser 9. No entanto, embora seja ímpar, 9 não é primo.

Assim, tenho uma contradição e, portanto, 7 não é a diferença de dois números primos.

A conjectura de Susie pode ser resolvida de forma semelhante:

Suponha que a conjectura de Susie seja falsa. Há um par de números primos $x$ e $y$ diferentes de 2 e 3, de modo que
$$x - y = 1$$
Observe que isso implica que
$$x = y + 1$$
Tenho dois casos:

Caso 1: Se $y$ é par, isto é, se $y$ for 2, $x$ é 3. Mas, parti do princípio de que não é esse o caso.

Caso 2: Então, $y$ tem que ser ímpar. No entanto, considerando-se que um número ímpar mais um número ímpar é par, $x$ tem de ser par. Isto é, $x$ tem de ser 2. Isso implica que $y$ seja 1. Isso, contudo, foi negado no enunciado da conjectura de Susie.

Portanto, tenho uma contradição, e assim, a conjectura de Susie deve ser verdadeira.

## INVESTIGAÇÕES

1. Tenho moedas de 1, 5 e 10 centavos no bolso. Pego três moedas do bolso e dobro o valor de uma moeda. (a) Quantas quantias diferentes eu poderia ter? (b) Apresente uma prova por exaustão convincente de que você tem todas elas.

2. Você tem dois números inteiros $x$ e $y$, de modo que $2 < x$ e $2 < y$. Pressuponha que, para quaisquer três números inteiros $a$, $b$ ($b$ diferente de zero), $z$,
$$\text{Se } a < z, \text{ logo } a \cdot b < b \cdot z$$
Apresente uma prova de postulados convincente de que $4 < x \cdot y$.

3. Ao construir trens com triângulos equiláteros com lados unitários, como segue,

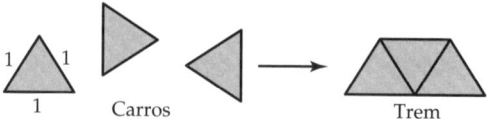

você observa que o perímetro $P$ do trem parece ser dado por

$$P = T + 2$$

onde T é o número de triângulos.
Prove, usando indução, que se trata realmente disso.
4. Prove que $n^2 \geq 2n$ for 2, 3, 4, 5 ... [*Dica*: Use uma prova por indução.]
5. Prove que não existe um número inteiro maior. [*Dica*: Use uma prova por contradição.]

## NOTAS

1. Isso não significa minimizar sua importância matemática. O trabalho numérico-teórico de Diofanto de Alexandria pode ser visto, em parte, como uma tentativa de sistematizar a solução para uma série de antigos problemas de texto.
2. Uma questão matemática importante e legítima é: "Como eu sei que $m + n$ é, de fato, um número inteiro?" Como indiquei na introdução que poderia fazer, parti desse pressuposto com a finalidade de apresentação. No entanto, você pode querer examinar mais profundamente.
3. Observe que, neste momento, estou apresentando provas por postulados.

## REFERÊNCIAS

ANDREWS, A. G. Solving geometric problems by using unit blocks. *Teaching Children Mathematics*, v. 6, p. 318-323, 1999.
BALL, D. L. The permutations project: mathematics as a context for learning and teaching. In: FEINMAN--NEMSER, S.; FEATHERSTONE, H. (Ed.). *Exploring teaching*: reinventing an introductory course. New York: Teachers College, 1992.
JOSEPH, G. G. Different ways of knowing: contrasting styles of argument in Indian and Greek mathematical traditions. In: ERNEST, P. (Ed.). *Mathematics, education and philosophy*: an international perspective. London: The Falmer, 1994. p. 185-204.
JOSEPH, G. G. *The crest of the peacock: non-European roots of mathematics*. New York: St. Martin's, 1991.

# CAPÍTULO 2

# Contagem e registro de números

A arte de contar e registrar números é uma das mais antigas habilidades matemáticas de que temos evidências. Na verdade, há algumas evidências de que ela antecedeu a linguagem escrita.[1] Neste capítulo, vou examinar brevemente alguns aspectos históricos e de desenvolvimento dessa arte e, antes de tratar dos sistemas posicionais e da representação de grandes números, vou mostrar como algumas das ideias por trás dessa arte podem ser representadas com as notações de conjunto e função.

## OS NÚMEROS E A CONTAGEM A PARTIR DE UMA PERSPECTIVA HISTÓRICA

O uso de marcas ou riscos para simbolizar números foi provavelmente um dos primeiros sistemas de representação numérica (veja a Figura 2.1).

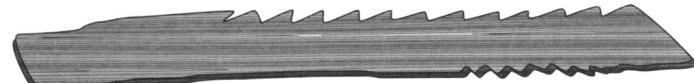

**FIGURA 2.1** Uma talha de contagem.
*Fonte:* O autor.

Os numerais romanos I, II, e III podem ser um meio muito literal de registrar esses riscos, e parece provável que alguns dos outros símbolos (por exemplo, X) tenham sido escolhidos para facilitar a leitura dos riscos quando eles se tornaram numerosos. Ou seja, cada X, ou ranhura cruzada, representa um grupo de 10 riscos.

Vamos dar uma olhada em como alguns desses sistemas de registro funcionavam no início.[2]

Um dos primeiros foi o sistema de registro egípcio (cerca de 3.400 a. C.) mostrado na Figura 2.2.

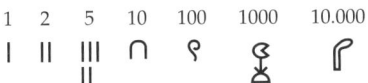

**FIGURA 2.2** Os primeiros numerais egípcios.
*Fonte:* O autor.

Neste sistema, 1867, por exemplo, seria escrito como

𓏤 𓏤𓏤𓏤 ∩∩ ||
𓆐 𓏤𓏤𓏤 ∩∩ |||
    𓏤𓏤  ∩∩ ||

Temos também o sistema romano, que pode ter estado em uso já em 800 a. C. (veja a Figura 2.3).

| 1 | 2 | 5 | 10 | 50 | 100 | 500 | 1000 |
|---|---|---|----|----|-----|-----|------|
| I | II | V | X | L | C | D | M |

**FIGURA 2.3** Numerais romanos.
*Fonte:* O autor.

Neste sistema, 1867 seria escrito como

MDCCCLXVII

Os símbolos romanos L e D, correspondendo a 50 e 500, respectivamente, simplificam a escrita de números. O princípio da subtração nos algarismos romanos (por exemplo, IX = 9 e IV = 4) pode ter uma função semelhante.

Os numerais áticos gregos, que podem ter sido usados já em 700 a. C., são empregados de forma um pouco semelhante à dos números romanos (veja a Figura 2.4).

| 1 | 5 | 10 | 100 | 1000 | 10.000 |
|---|---|----|-----|------|--------|
| I | Γ | Δ | H | X | M |

**FIGURA 2.4** Numerais gregos áticos.
*Fonte:* O autor.

Neste sistema, 1867 pode ser escrito como

X ℙ H H H Δ Δ Δ Δ Δ Γ I I

Observe que o numeral composto ℙ agora representa 5 · 100.

Os sistemas de registro egípcio, romano e grego ático são *sistemas de agrupamento simples* que usam a repetição de símbolos para indicar multiplicação, isto é, XXX corresponde a 30. O tradicional sistema de numeração sino-japonês (veja a Figura 2.5) é um sistema de agrupamento multiplicativo verdadeiro. Esses sistemas multiplicativos já estavam em uso em 1400 a. C.

| 1 | 2 | 3 | 4 | 5 | 6 | 7 | 8 | 9 | 10 | 100 | 1000 | 10.000 |
|---|---|---|---|---|---|---|---|---|----|-----|------|--------|
| 一 | 二 | 三 | 四 | 五 | 六 | 七 | 八 | 九 | 十 | 百 | 千 | 百 |

**FIGURA 2.5** Numerais sino-japoneses.
*Fonte:* O autor.

Neste sistema, a escrita é vertical, em vez de horizontal. Assim, 1867 seria escrito da seguinte forma:

一
千
八
百
六
十
七

Há um terceiro método de registro de números chamado *sistema numeral cifrado*. No caso de um sistema decádico ou sistema decimal, os números de 1 a 9 são escritos com símbolos especiais e, da mesma forma, as dezenas até 90 e as centenas até 900. Nesse sistema, todos os números podem ser representados como uma combinação de símbolos de modo muito compacto. Os numerais gregos alfabéticos (cerca de. 400 a. C.) são desse tipo (veja a Figura 2.6) (ORE, 1948, p. 13).

$$1\text{–}9 \quad \alpha \ \beta \ \gamma \ \delta \ \varepsilon \ \varsigma \ \zeta \ \eta \ \theta$$

$$10\text{–}90 \quad \iota \ \kappa \ \lambda \ \mu \ \nu \ \xi \ o \ \pi \ \text{ϙ}$$

$$100\text{–}900 \quad \rho \ \sigma \ \tau \ \upsilon \ \phi \ \chi \ \psi \ \omega \ \text{ϡ}$$

**FIGURA 2.6** Numerais alfabéticos gregos.
*Fonte:* O autor.

As unidades mais elevadas foram obtidas acrescentando-se marcas especiais depois do símbolo da unidade inferior. Por exemplo,

$$,\alpha = 1000$$

de modo que 1867 pode ser escrito como

$$,\alpha\omega\xi\zeta$$

### PROBLEMA 2.1

Escreva 759 (a) usando números alfabéticos gregos; (b) números romanos. Quais são as vantagens e desvantagens de cada sistema?

Os números que usamos atualmente são conhecidos como os algarismos hindu-arábicos porque as evidências históricas apontam para a Índia como sua origem.[3] Os árabes, no entanto, foram fundamentais para sua transmissão à Europa. Uma forma desses números hindus – os números Gobar (ou pó) – foi introduzida pelos árabes na Espanha, já em 1000 d. C.

A maneira como esses números eram escritos é muito semelhante à maneira como escrevemos os nossos números hoje (veja a Figura 2.7) (ORE, 1948, p. 20).

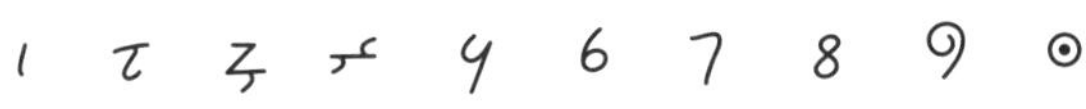

**FIGURA 2.7** Numerais arábicos Gobar.
*Fonte:* O autor.

## OS NÚMEROS E A CONTAGEM A PARTIR DE UMA PERSPECTIVA DO DESENVOLVIMENTO

Há evidências substanciais de que a contagem é um esforço humano natural e de que as crianças, em seus primeiros meses, conseguem discriminar, por exemplo, um objeto e dois objetos. Em torno dos 2 ou 3 anos de idade, a criança começa a ser capaz de comparar grupos maiores de objetos. No entanto, é mais ou menos entre 4 e 5 anos que acontece algo de extraordinário. As crianças começam a demonstrar um sentido mais constante de ordinalidade, isto é, contam de forma sequencial, e começam a exibir uma compreensão da cardinalidade, ou seja, começam a entender que o número de objetos que contaram pode ser representado pelo último número falado na ordem da sequência de contagem, supondo-se que a sequência de objetos seja abordada em uma ordem fixa e comece com 1.⁴

Mesmo que isso seja algo que nós, como contadores experientes, muitas vezes consideramos natural, essas capacidades emergentes são indicativas de uma habilidade intuitiva, com um pouco de matemática bastante profunda. Vamos dar uma olhada (HERSCH et al., 2004):

> Pedro, de 5 anos, está brincando com alguns carros quando chega a Sra. Jannat. Ela tem uma lata na mão e, ao se sentar ao lado dele no chão, pergunta: "Você sabe o que tenho na lata?". Pedro balança a cabeça e a Sra. Jannat diz: "Balas". Ela tira a tampa da lata e inclina o recipiente para Pedro, dizendo: "Quantas você acha que tem?". Pedro olha dentro da lata e, tocando cuidadosamente cada uma das balas enroladas em papel (não é uma tarefa fácil), ele conta, "uma, duas, três, quatro, cinco, seis." A Sra. Jannat sorri e derrama as balas no chão, perto dos carros. Uma bala cai atrás de um carro. Ela diz: "Você tem certeza?". Pedro pega a bala que caiu atrás do carrinho e a coloca com as outras, e conta de novo. A seguir, alinha as balas em uma coluna – as duas balas azuis estão no topo – e, enquanto conta, ele marca cada uma com um número, "uma, duas, três, quatro, cinco, seis, sete". "Quantas?", pergunta a Sra. Jannat. Pedro começa novamente a contar: "uma, duas, três". Ele hesita, e diz: "sete".

## A ARTE DE CONTAR

Do ponto de vista matemático, podemos dizer que Pedro entende que, se quiser contar qualquer grupo ou conjunto de objetos, pode aplicar um, e apenas um, nome de número a cada objeto. Óbvio, claro. Vejamos mais a fundo.

### Conjuntos

Antes mesmo de Pedro começar a contar, ele deve ter alguma ideia do que constitui um *objeto* de contagem e o que constitui um grupo ou conjunto de objetos a ser contados. Neste exemplo, cada objeto é representado por uma bala, e o conjunto de objetos é representado por aquelas balas específicas que estavam na lata. Isto é,

🍬 é um objeto ou um elemento

e

 é um conjunto de objetos ou um conjunto.

Como Pedro parece saber de tudo isso, não podemos nos surpreender se ele também conseguisse contar os dois conjuntos

caso esses conjuntos fossem colocados juntos em um prato ou na mesa.

Agora me permitam complicar um pouco as coisas. Digamos que eu desse a André, um aluno do 2º ano, duas listas ou conjuntos de nomes:

| Meninos na sala de aula | Crianças de 7 anos na sala de aula |
|---|---|
| Derrick | Samantha |
| Steve | Steve |
| John | Jelisa |
|  | Tiffany |
|  | Lai Ling |

e lhe pedisse para contar quantas crianças há no total, ou seja, contar a união (indicada por ∪) dos dois conjuntos ou listas. É de se supor que ele contasse Derrick, Steve (observando que Steve está em ambas as listas), John, Samantha, Jelisa, Tiffany e Lai Ling. Por outro lado, suponhamos que lhe pedisse para contar todos os meninos que têm sete anos, ou seja, contar a intersecção (denotada por ∩) das duas listas. É de se supor que ele contasse apenas Steve.

Poderia representar matematicamente as respostas a estas duas perguntas escrevendo

{Derrick, Steve, John} ∪ {Samantha, Steve, Jelisa, Tiffany, Lai Ling}
= {Derrick, Steve, John, Samantha, Jelisa, Tiffany, Lai Ling}

e

{Derrick, Steve, John} ∩ {Samantha, Steve, Jelisa, Tiffany, Lai Ling} = {Steve}

Também posso (e essa representação pode ser usada nos primeiros anos do ensino fundamental)* usar um diagrama de Venn e representar de forma compacta tanto a união quanto a intersecção:

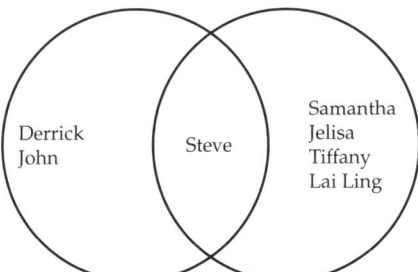

### PROBLEMA 2.2

De 70 pessoas, 34 praticam corrida; 25, boliche; 27, esqui; 7, corrida e boliche; 11, corrida e esqui; 6, esqui e boliche; e 5 praticam todas as três atividades.

a. Construa e dê nomes a um diagrama de Venn adequado.
b. Quantos não praticam qualquer das atividades?
c. Quantos praticam boliche, mas não esqui?

---

* N. de R.T.: A representação de compostos não faz parte dos conteúdos dos anos iniciais de escola básica no Brasil.

As notações para operações entre conjuntos podem ser ampliadas um pouco. Poderia pedir que André contasse o número de crianças que são meninos, mas não têm 7 anos. Escrevo isso da seguinte forma:

{Derrick, Steve, John} – {Samantha, Steve, Jelisa, Tiffany, Lai Ling}

É evidente, a partir do diagrama de Venn, que a resposta seria apenas Derrick e John.

### PROBLEMA 2.3

Seja o conjunto $T = \{1, 2, 3, 4\}$ e o conjunto $S = \{-1, 3, 4\}$. Calcule:

a. $T \cap S$
b. $T \cup S$
c. $T - S$

## Funções

O próximo desafio enfrentado por Pedro é marcar corretamente cada uma das balas com um número apropriado.[5] Ou seja,

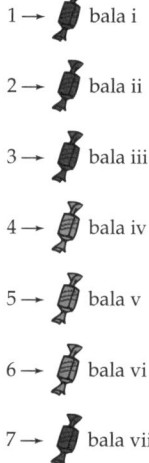

Nesse caso, dizemos que existe uma função $f$ que associa o conjunto dos números naturais $S = \{1, 2, 3, 4, 5, 6, 7\}$ ao conjunto de balas $C = \{$bala i, bala ii, bala iii, bala iv, bala v, bala vi, bala vii$\}$ de modo que, para um elemento $x$ de $S$, $f(x) = x$ balas.

Inicialmente, no entanto, como nos lembramos, Pedro, de alguma forma, contou menos. Isto é, não conseguiu marcar uma das balas. Por exemplo, ele poderia ter marcado as balas da seguinte forma:

# Teoria dos Números para Professores do Ensino Fundamental

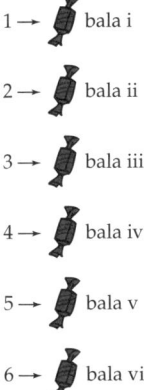

ou ele poderia tê-las marcado da seguinte maneira:

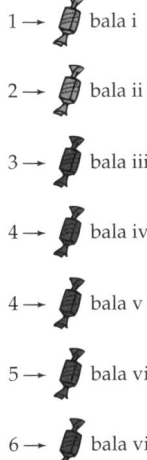

Nenhum desses sistemas de marcação é uma função de $S$, o domínio, a $C$, o contradomínio, porque o primeiro sistema omite um número natural e o segundo atribui um mesmo número natural a duas balas diferentes.

Observe que, em vez de contar a menos, ele poderia ter marcado uma bala duas vezes. Por exemplo,

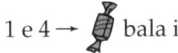

Nesse caso, teria contado a mais. Embora esse sistema de marcação seja uma função, não é o que se chama de função "um a um". Ou seja, não existe um único número natural atribuído a cada uma das balas. O intervalo de *f* (isto é, o conjunto de valores reais de *f*) é R = {bala i, bala ii, bala iii, bala iv, bala v, bala vi, bala vii}, e essa a faixa *R* é um subconjunto adequado de C = {bala i, bala ii, bala iii, bala iv, bala v, bala vi, bala vii}.

### PROBLEMA 2.4

Seja $S = \{1, 2, 3, 4, 5\}$ e $C = \{1, 2, 4, 6, 8, 11\}$ e defina-se a relação *F* associando os elementos de *S* aos elementos de *C* por

$$F(x) = 2x$$

a. *F* é uma função com domínio *S* e contradomínio *C*? Por quê?
b. Seja $P = S - \{5\}$. *F* é uma função com domínio *P* e contradomínio *C*? Por quê?
c. Seja $Q = C - \{11\}$. Então, *F* é uma função com domínio *P* e contradomínio *Q*. *F* é uma função um a um? Por quê?

A notação de função é uma boa maneira de especificar regras aritméticas. Por exemplo, digamos que se queira escrever uma função, *F*, que tem domínio e intervalo igual aos números naturais e que dá a soma de qualquer sequência desses números começando com 1. Conjecturo que uma função que vai fazer isso seja

**Número de parcelas**

1  $F(1) = 1$
2  $F(2) = 1 + 2 = 3$
3  $F(3) = 1 + 2 + 3 = 6$
*n*  $F(n) = 1 + 2 + \cdots + n = \dfrac{n(n+1)}{2}$

Como você sabe que estou certo? Alguns cálculos devem convencê-lo de que esta função parece dar certo, mas isso não basta. Você precisa provar ou refutar a minha conjectura. Vou fazer uma por indução (talvez seja interessante rever a prova por indução no Capítulo 1). Agora (passo 1)

$$F(1) = \frac{1(1+1)}{2} = 1$$

> Prova por indução

Assim, a minha função dá certo para 1. Portanto, vou pressupor (passo 2) que

$$F(n) = \frac{n(n+1)}{2}$$

para $1 \leq n \leq N$ em relação a algum *N* arbitrário e depois provar que

$$F(N+1) = \frac{(N+1)(N+2)}{2}$$

Bom,
$$F(N+1) = 1 + 2 + \cdots + N + (N+1)$$
$$= F(N) + (N+1)$$
No entanto, sei que
$$F(N) = \frac{(N)(N+1)}{2}$$
logo
$$F(N+1) = \frac{N(N+1)}{2} + (N+1) = \frac{N(N+1)}{2} + \frac{2(N+1)}{2}$$
O uso da propriedade distributiva me dá
$$F(N+1) = \frac{(N+1)(N+2)}{2}$$
como se queria demonstrar.

### PROBLEMA 2.5
Qual é a soma dos números inteiros de 1 a 102 (isto é, 1 + 2 + ... + 102)?

## Combinatória

Naturalmente, noções de conjuntos e funções dão origem a mais questões matemáticas. Por exemplo, posso perguntar de quantas maneiras Pedro poderia contar as sete balas. Uma maneira seria ele contar iniciando na bala i e continuar a prosseguir até a bala vii:

$$\text{i, ii, iii, iv, v, vi, vii} \tag{A}$$

ou poderia começar na bala ii, continuar à bala vii e contar a bala i por último:

$$\text{ii, iii, iv, v, vi, vii, i} \tag{B}$$

A sequência B é chamada de *permutação* da sequência A. Assim, posso reformular minha pergunta inicial e questionar quantas permutações existem dos sete símbolos que representam essas sete balas.[6]

Para economizar espaço, experimentemos os três símbolos i, ii, iii. Posso começar com qualquer um desses três símbolos, e depois de usar um símbolo, não posso voltar a usá-lo. Assim, as permutações possíveis são

| Contagem 1 | Contagem 2 | Contagem 3 |
|---|---|---|
| i | ii | iii |
| i | iii | ii |
| ii | iii | i |
| ii | i | iii |
| iii | i | ii |
| iii | ii | i |

Isto é, posso escolher entre três possibilidades para a contagem 1, e depois de já ter escolhido qual objeto marcar com essa primeira contagem, tenho de escolher entre as duas outras possibilidades para a contagem 2. Quando a primeira e a segunda contagens são fixas, só há uma possibilidade para a contagem 3. Portanto, o número de permutações possíveis com três objetos é

$$3 \cdot 2 \cdot 1 = 6$$

e o número de permutações possíveis com sete objetos é

$$7 \cdot 6 \cdot 5 \cdot 4 \cdot 3 \cdot 2 \cdot 1 = 5.040$$

Ou seja, Pedro poderia contar as sete balas de 5.040 maneiras.

### PROBLEMA 2.6

Tenho quatro camisas, dois pares de calças e dois pares de sapatos. Quantos conjuntos de vestuário eu poderia criar? (Um conjunto é composto por um par de sapatos, um par de calças e uma camisa.)

## SISTEMAS NUMÉRICOS POSICIONAIS

O *número zero* é crucial para o sistema numérico que usamos atualmente. A disponibilidade de zero é algo que consideramos natural hoje, mas sua introdução foi uma grande realização matemática. O zero nos permite usar uma eficiente notação posicional para escrever números. Por exemplo, em vez de representar mil novecentos e sessenta e cinco como MCMLXV, escrevemos 1965.

Como funciona? Cada algarismo de um número possui um valor que é dado, na verdade, pelo valor do algarismo multiplicado pelo valor de sua posição no número. Assim, por exemplo, o algarismo mais à esquerda em 1965 é um 1, e está na quarta posição, por isso, seu valor é $1 \cdot 10^3$, ou mil. De maneira semelhante, o 9 tem o valor de $9 \cdot 10^2$ (isto é, 900), o 6 tem o valor $6 \cdot 10^1$ (isto é, 60) e o 5 tem o valor $5 \cdot 10^0$ (isto é, 5). Tudo isso implica que o zero não seja simplesmente um *marcador de posição* quando for usado como algarismo em um número (por exemplo, 405) para indicar que há zero daquele valor de posição (por exemplo, em *notação científica*, $405 = 4 \cdot 10^2 + 0 \cdot 10^1 + 5 \cdot 10^0$). Chamamos esse sistema de sistema de base 10 ou decimal, porque ele consiste nos dez algarismos 0, 1, 2, 3, 4, 5, 6, 7, 8 e 9 e nos valores de posição que são potências de 10 (isto é, $10^0, 10^1, 10^2, 10^3, ...$).

O sistema de numeração decimal é o sistema posicional que normalmente usamos para fazer contas, mas existem vários outros sistemas numéricos posicionais que têm aplicação prática. Os computadores utilizam um sistema de numeração de base 2 (ou binário) em grande medida, e os programadores usam sistemas numéricos de base 8 e de base 16 de vez em quando. Existem também vestígios de base 5 (moedas de 1, 5 e 10 centavos) e sistemas de numeração e base 60 (a aritmética do relógio) em uso prático. Como funcionam? A resposta simples é que eles funcionam exatamente da mesma forma que o nosso sistema de base 10.

Permitam-me dar uma resposta um pouco mais profunda para um sistema de base 6. Nossos algarismos serão 0, 1, 2, 3, 4, 5 (seis, no total), e o valor das posições, da direita para a esquerda, será de $6^0, 6^1, 6^2, 6^3, ...$. Assim, o número $123_6$ (aqui, o 6 subscrito indica que este é um número escrito na base 6), usando a *notação científica*, em base 10, tem o valor de $1 \cdot 6^2 + 2 \cdot 6^1 + 3 \cdot 6^0$ ou $1 \cdot 36 + 2 \cdot 6 + 3$, ou, em base 10, 51. Podemos verificar tudo isso com relação a números menores, digamos, $12_6$ (que um cálculo semelhante mostra ser 8) por meio da contagem:

| Base 6 | Base 10 |
|--------|---------|
| 0      | 0       |
| 1      | 1       |
| 2      | 2       |
| 3      | 3       |
| 4      | 4       |
| 5      | 5       |
| 10     | 6       |
| 11     | 7       |
| 12     | 8       |

Observe a sequência para $10_6$ quando somamos 1 e 5 em base 6 (muito semelhante a quando somamos 1 e 9 em base 10).

### PROBLEMA 2.7
Em base 6, como você escreve a soma numérica de 3 e 4?

A base 2, por exemplo, é particularmente simples porque temos apenas os algarismos 0 e 1, e cada posição tem um valor determinado pela potência correspondente de 2. Por exemplo, $10101_2$ teria, na base 10, o valor de $1 \cdot 2^4 + 0 \cdot 2^3 + 1 \cdot 2^2 + 0 \cdot 2^1 + 1$, ou $16 + 4$, ou, em base 10, o valor de 20. Para ilustrar, verifiquemos para ver que $111_2$ conta 7 na base 10

| Base 2 | Base 10 |
|--------|---------|
| 0      | 0       |
| 1      | 1       |
| 10     | 2       |
| 11     | 3       |
| 100    | 4       |
| 101    | 5       |
| 110    | 6       |
| 111    | 7       |

Como foi indicado, pode-se converter da base 6 à base 10. Por exemplo, em *notação científica*, temos

$$124_6 = 1 \cdot 6^2 + 2 \cdot 6^1 + 4 \cdot 6^0$$
$$= 52_{10}$$

Como é que se converte de, digamos, base 6 para base 8? Para entender como fazer isso, precisamos voltar à sala de aula do 1º ano. Nosso problema é muito parecido com o de uma aluna de 1º ano que quer representar, em base 10, o número de gravetos em uma pilha. Nossa aluna imaginária – vamos chamá-la de Taya – pode proceder da seguinte forma:

Há 112 gravetos na pilha.

- Taya conta os gravetos com cuidado e os junta em grupos de dez. Nesse momento, ela tem 11 grupos de 10 e 2 gravetos soltos, de modo que escreve 2 na posição das unidades.
- Agora, ela agrupa os grupos de 10 em grupos de 10. Ela tem um grupo de 100 e um grupo de 10 sobrando, então, ela coloca 1 na posição das dezenas.
- E, uma vez que não pode fazer grupos de 1.000, ela coloca 1 na posição das centenas.

Deixe-me mostrar-lhe como converter $33_6$ para base 2 usando o método de Taya. Em *notação científica* de base 10,[7]

$$33_6 = 3 \cdot 6^1 + 3$$

então, tenho 21 gravetos na minha pilha. Agora,

$$21 = 10 \cdot 2 + \underline{1}$$

Assim, tenho 10 grupos de 2 e um graveto solto. Agrupando esses 10 grupos de 2 em grupos de 2, tenho cinco grupos de 2 · 2:

$$10 = 5 \cdot 2 + \underline{0}$$

e nenhum grupo de 2 · 2 sobrando. Agrupando esses cinco grupos de 2 · 2 em grupos de 2, tenho dois grupos e dois grupos de 2 · 2 · 2:

$$5 = 2 \cdot 2 + \underline{1}$$

e um grupo de 2 · 2 sobrando, e agrupando esses dois grupos de 2 · 2 · 2 em grupos 2 · 2 · 2 · 2, tenho um pacote de 2 · 2 · 2 · 2 e nenhum grupo de 2 · 2 · 2 sobrando:

$$2 = 1 \cdot 2 + \underline{0}$$

Donde, como tenho apenas um grupo de 2 · 2 · 2 · 2 restante:

$$33_6 = 10101_2$$

### PROBLEMA 2.8

Converta $33_6$ para base 8.

## GRANDES NÚMEROS

Da contagem, surgem perguntas naturais sobre os grandes números. Quão grande é um bilhão? Qual é o maior número que se pode escrever? Qual é o maior número que se pode conhecer? Os números continuam para sempre? Usando zero e pontos, as crianças aprendem a escrever um bilhão:

$$1.000.000.000$$

e, em um momento posterior, aprendem que isso pode ser escrito de forma mais compacta em notação científica, como $10^9$.

No entanto, em um sentido matemático, mesmo algo como $10^{1.000.000.000}$ é bastante pequeno. Alguma notação que devemos a Leo Moser nos permite ir mais longe. Defino

$$\triangle a = a^a \quad \text{Por exemplo,} \quad \triangle 2 = 2^2 = 4.$$

e

$$\boxed{b} = b \text{ com } b \triangle \text{ ao seu redor.}$$

Por exemplo, $\boxed{2} = \triangle\!\!\triangle 2 = \triangle 4 = 4^4 = 256.$

Agora, seja $\pentagon c = c$ com $c \boxed{\phantom{x}}$ ao seu redor.

Moser definiu um mega como $\pentagon 2$ e, não contente para deixar os grandes em paz, deu continuidade ao padrão acima com hexágonos, heptágonos e assim por diante. Isto é, definiu, por recorrência,[8] um $n$-gono contendo o número $d$ como $d$ com $(n-1)$-gonos ao seu redor. Um moser é definido como 2 no interior de um megágono. Qual o tamanho de um mega? Bem,

$$\pentagon 2 = \boxed{\boxed{2}} = \boxed{256}$$

$$= 256 \text{ com } 256 \triangle \text{ ao seu redor}$$

Deixe-me tentar convencê-lo de que isso é muito grande, para além da imaginação. Vou começar pequeno.

$$\boxed{10} = 10 \text{ com } 10 \triangle \text{ ao seu redor}$$

$$= 10.000.000.000 \text{ com } 9 \triangle \text{ ao seu redor}$$

$$= 10.000.000.000^{10.000.000.000} \text{ com } 8 \triangle \text{ ao seu redor}$$

$$= 10^{100.000.000.000} \text{ com } 8 \triangle \text{ ao seu redor}$$

Já o convenci? Aliás, estima-se que o número de átomos no universo seja um pouco menor do que $10^{81}$.

## INVESTIGAÇÕES

1. Resuma a história de algarismos romanos, desde seu uso mais antigo até o presente.
2. (a) Use um diagrama de Venn para demonstrar que para quaisquer dois conjuntos $A$ e $B$,
$$A \cup B = (A - B) \cup (A \cap B) \cup (B - A)$$
   (b) dois conjuntos $C$ e $D$ serão considerados iguais se cada elemento de $C$ for um elemento de $D$ e se cada elemento de $D$ for um elemento de $C$. Use esta definição de igualdade para *provar* (seria bom pensar sobre o diagrama de Venn) que
$$A \cup B = (A - B) \cup (A \cap B) \cup (B - A)$$
3. Se tenho 112 gravetos, então está claro, como foi mostrado acima por Taya, que isso pode ser escrito como $112_{10}$. No entanto, poderia ter contado por *uns* ou contado pulando, a cada dois. Sendo assim, como sei que essa representação é única? Posso realmente registrar essa pilha de gravetos na notação habitual de base 10, de duas maneiras diferentes? Prove que não, ou seja, demonstre que a representação de qualquer número de base 10 é única. [*Dica*: Uma maneira razoável de fazer isso é uma prova por contradição. Isto é, pressuponha que $112 = abc$, onde $a, b, c$ são os algarismos usuais de base de 10, e mostre que você tem uma contradição, se $a$ não for um 1, $b$ não for 1 ou $c$ não for 2.]
4. (a) Escreva uma linha de 8s e acrescente sinais de adição, de modo que a soma resultante seja 1.000. Quais são as diferentes soluções? (BALL; BASS, 2003) [*Dica*: Há mais de dez.] (b) Apresente uma prova por exaustão convincente de que você tem todos eles.
5. A distância da Terra ao Sol é de aproximadamente $150 \times 10^6$ km. Digamos que você ande até lá a uma velocidade de 5 quilômetros por hora. Quantos minutos duraria sua viagem? Quantos anos?

## NOTAS

1. Considere, por exemplo, a utilização da primeira, segunda e terceira pessoas.
2. Minha apresentação aqui deriva, em grande parte, de ORE, O. *Number theory and its history*. New York: McGraw-Hill, 1948. p. 10-30.
3. O uso de um sistema posicional com zero parece ter ocorrido na Índia já em 600 d. C.
4. Para uma discussão detalhada desses princípios – estática, um a um e cardinalidade – ver SOPHIAN, C. *The origins of mathematical knowledge in children*. New York: Lawrence Erlbaum, 2007.
5. Parece possível que tudo isso parta das tentativas anteriores das crianças de comparar os diferentes grupos de objetos. Neste caso, em vez de associar a outro grupo de objetos, a criança associa ao que parece ser um subconjunto finito dos números naturais.
6. Essa ação matemática foi denominada matematizar. A introdução de símbolos visa a representar as bolas para fins matemáticos. Esses símbolos não mais mantêm a cor, a embalagem ou o gosto do que representam.
7. Observe que, se expandisse $33_6$ na base 6, você teria $33_6 = 3 \cdot (10_6)1 + 3 \cdot (10_6)0$.
8. Ou seja, o valor de cada polígono regular externo, com $n$ lados, em termos de um número apropriado de polígonos interno de $n - 1$ lados.

## REFERÊNCIAS

BALL, D. L.; BASS, H. Making mathematics reasonable in school. In: KILPATRICK, J.; MARTIN, W. G.; SHIFTER, D. (Ed.). *A research companion to principles and standards for school mathematics*. Reston: NCTM, 2003.

HERSCH, S. B. et al. *Fostering children's mathematical development*: grades PreK-3. Portsmouth: Heinemann, 2004.

ORE, O. *Number theory and its history*. New York: McGraw-Hill, 1948.

# CAPÍTULO 3

## Adições

Este capítulo trata da arte de fazer adições, ou seja, de encontrar soluções para os problemas do tipo

$$5 + 4 = x$$

Examinaremos inicialmente essa arte em termos de sua história e desenvolvimento, e depois, daremos uma olhada no algoritmo convencional de adição, de uso geral

$$\begin{array}{r} {}^{1}\phantom{00} \\ 153 \\ +273 \\ \hline 426 \end{array}$$

Isso será seguido por uma olhada em métodos para somar determinadas séries de números inteiros – por exemplo, os números ímpares:

$$1 + 3 + 5 + 7 + ...$$

e por um vislumbre em métodos para determinar sistematicamente soluções inteiras para certas adições lineares – por exemplo, problemas de texto de 3º ano, do tipo:

> Os lápis custam 15 centavos e as borrachas, 10 centavos. Se você precisa gastar exatamente 2 reais, quais são as diferentes combinações de lápis e borrachas que você pode comprar?

## A ADIÇÃO A PARTIR DE UMA PERSPECTIVA HISTÓRICA

A forma como a adição era conceituada nos tempos antigos permanece indefinida, pois, até épocas mais recentes, eram mantidos poucos registros escritos descrevendo o processo. Muito do que sabemos sobre as primeiras práticas de adição vem de especulações para o uso dos primeiros dispositivos de cálculo e da análise de contas financeiras históricas. A tabuleta de rações mostrada na Figura 3.1, representação de uma tabuleta de argila da Babilonian Yale Collection,[1] é um exemplo típico. A linha dupla que separa a fileira de cima do resto da tabuleta indica que existem duas contas diferentes.

Na conta logo a seguir, há sete desembolsos de diferentes quantidades, de 1, 2 ou 3 cunhas de grãos para um total, nessa conta, de 11 cunhas. A linha mais baixa dá a soma dessas contas: um círculo e 5 cunhas.[2]

Cerca de 2500 anos mais tarde, Heródoto apresenta, em seus escritos, uma descrição das diferenças entre os cálculos grego e egípcio usando a tábua de contagem,

**FIGURA 3.1** Uma tabuleta de rações babilônica.
*Fonte:* O autor.

ou ábaco de contadores soltos (SANFORD, 1994). O dispositivo era uma superfície plana marcada com uma série de linhas paralelas que eram designadas, por exemplo, em ordem crescente de 1, 10, 100 e 1000. Os contadores eram pequenas pedras ou discos do tamanho de uma moeda de 1 centavo. A Figura 3.2 é uma representação esquemática da aparência do dispositivo no tempo dos romanos. Embora pouco se saiba sobre o seu funcionamento real, a maneira em que um ábaco moderno é usado fornece algumas pistas razoáveis.

Vamos supor que a tábua mostrada na Figura 3.2 represente zero. Cada pedrinha na metade inferior da tábua de contagem terá, quando deslocada para cima, o valor de 1 vez a unidade designada, e cada pedrinha na metade superior da placa terá, quando deslocada para cima, o valor de 5 vezes a unidade designada.

**FIGURA 3.2** A tábua de contagem romana.
*Fonte:* O autor.

Assim, posso representar o valor CLIII (isto é, 153), como mostrado na Figura 3.3. Se eu quiser adicionar CCLXXIII (isto é, 273), faço o seguinte:

**FIGURA 3.3**  CLIII.
*Fonte:* O autor.

- Adiciono 3, empurrando a pedrinha 5 na coluna "I" retornando duas das pedrinhas 1 à posição zero. Neste momento, tenho o resultado intermediário de 156.
- Adiciono 70, retornando a pedrinha 50 – na coluna "X" – à sua posição zero e depois adicionando mais 20. Retornando a pedrinha 50 à sua posição zero, resulta em um transporte na coluna "C". Adicionando mais 20, empurra-se dois dos seixos 10. O transporte para a coluna "C" resulta em um dos 100 seixos sendo empurrado para cima, com o resultado intermediário de 226.
- Por fim, adiciono 200, elevando duas das pedrinhas 100 na coluna "C" e tenho um resultado final de 426 (isto é, CDXXVI); veja Figura 3.4.

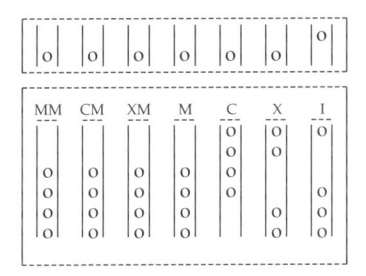

**FIGURA 3.4**  CDXXVI.
*Fonte:* O autor.

## PROBLEMA 3.1

Faça um rápido esboço de uma tábua de contagem, designando algumas linhas paralelas como 1, 10, 100, 1000. Usando um objeto que possa deslizar como seus contadores, tente fazer os seguintes cálculos: (a) 22 + 47; (b) 36 + 15; (c) 196 + 54; (d) algo ousado.

Observe que os números romanos parecem particularmente adequados à tábua de contagem, porque, por exemplo, 7 é apenas 5 + 2 (ou seja, VII) e 9 é 10 – 1 (isto é, IX).

Embora a tábua de contagem e o ábaco posterior tenham permanecido como um importante dispositivo de cálculo até o século XVI, os precursores do algoritmo convencional de adição começaram a aparecer em várias aritméticas no século XV. Um deles, *The Craft of Nombrynge* (uma interpretação de *Carmen de Algorismo*, de Alexander de Villa Dei) – diz o seguinte (STEELE, 1992):

> Aqui começa o ofício da adição. Neste ofício, você deve saber quatro coisas. Primeiramente, deve saber o que é adição. Em seguida, deve saber quantas linhas de figuras você deve

ter. Depois, deve saber quantos casos diferentes acontecem neste ofício. E então, qual é o resultado deste ofício. Quanto à primeira, você deve saber que a adição é um somatório de dois números em um único número. Quanto à segunda, deve saber que terá duas linhas de figuras, uma sob a outra, como pode ver aqui:

$$\begin{array}{c}123\\234\end{array}$$

Quanto à terceira, deve saber que existem quatro casos diferentes. Quanto à quarta, deve saber que o resultado deste ofício é dizer qual é o número inteiro que resulta da soma desses números diferentes.

Os quatro casos de que Alexander de Villa escreve são

1. Nenhuma soma parcial (ou seja, 1 + 2, 2 + 3 ou 3 + 4 na passagem acima) é maior do que 9.
2. Pelo menos uma soma parcial é maior do que 9.
3. Pelo menos uma soma parcial é 10 ou um múltiplo de 10.
4. Existe um zero na linha superior.

### PROBLEMA 3.2
Ilustre cada um dos quatro casos com um exemplo aditivo.

Nos tempos atuais, esses casos foram consolidados – a designação de transportes é produto de épocas mais modernas – naquele mecanismo matemático refinado e eficiente a que chamamos algoritmo convencional de adição. Isto é,

$$\begin{array}{r}{}^{1}153\\+273\\\hline 426\end{array}$$

## A ADIÇÃO A PARTIR DE UMA PERSPECTIVA DO DESENVOLVIMENTO

Passar da contagem à adição é uma espécie de progressão natural. As crianças muitas vezes passam da contagem de um conjunto de blocos à contagem de dois conjuntos de blocos formando fisicamente a união dos conjuntos e, começando em um primeiro bloco no conjunto combinado, contando "um, dois, três, quatro, cinco, seis, sete, oito, nove".

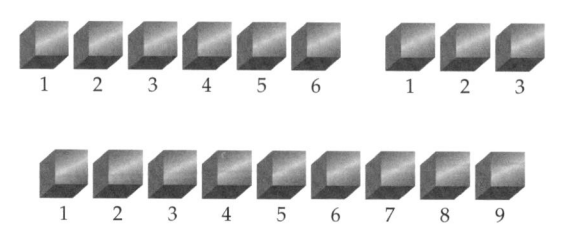

À medida que ficam mais à vontade com noções de cardinalidade (isto é, ao perceberem que o último número contado dentro de um conjunto é o número total de objetos naquele conjunto), as crianças começam a *contar com*\*. Para isso, a criança precisa antes ter em mente a cardinalidade do primeiro conjunto de objetos, e depois, começando com algum primeiro elemento no segundo conjunto, seguir contando a partir da cardinalidade do primeiro conjunto "seis, sete, oito, nove anos".

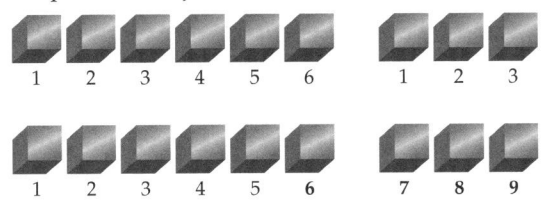

Nas escolas dos Estados Unidos, as crianças estão consolidando essas experiências e as registrando na memória no final do 1º ano e no 2º. Geralmente, os fatos da adição com soma até 5, por exemplo, $1 + 4 = 5$ e $2 + 2 = 4$, são aprendidos antes, seguidos dos fatos com soma até 10 e, depois, 20. Especula-se que as crianças norte-americanas possam, talvez por causa das palavras irregulares usadas para contar, estar em desvantagem em relação a seus pares asiáticos (FUSON, 2003, p. 74). Nessas partes do mundo (normalmente, no 1º ano), as crianças são ensinadas a *fazer dez* ao adicionar:

$$6 + 5 \text{ se torna } 1 + (5 + 5)$$

Curiosamente, essa estratégia também pode ser empregada quando se usa o ábaco. Alguns adultos japoneses, aliás, dizem que somam $6 + 3$ pensando ou visualizando

$$(5 + 1) + 3$$

**PROBLEMA 3.3**

Se a ordem é irrelevante, quantos fatos de adição diferentes uma criança precisaria memorizar para (a) fazer 5; (b) fazer 6; (c) fazer 10?

Os fatos da adição junto com noções como comutatividade

$$2 + 5 = 5 2$$

e associatividade

$$(2 + 5) + 3 = 2 + (5 + 3)$$

são fundamentais na arte de fazer adições.

Nos Estados Unidos, geralmente no final do 2º ano e no 3º, as crianças começam praticando a soma de linhas múltiplas e de colunas múltiplas. Como ilustração, considere a seguinte história (NATIONAL COUNCIL OF TEACHERS OF MATHEMATICS, 2000, p. 86-87).

Os alunos de 2º ano do professor Daley vêm trabalhando com adição. O professor apresentou o seguinte problema à turma:

> Temos 153 alunos em nossa escola. Há 273 alunos na escola que fica no final da rua. Quantos alunos há em ambas as escolas?

e lhes pediu para ilustrar e registrar suas estratégias.

---

\* N. de R.T.: *Contar com* aqui significa que incluem uma quantidade na outra, podendo continuar contando um novo conjunto de objetos a partir do último número falado na contagem dos elementos do primeiro conjunto.

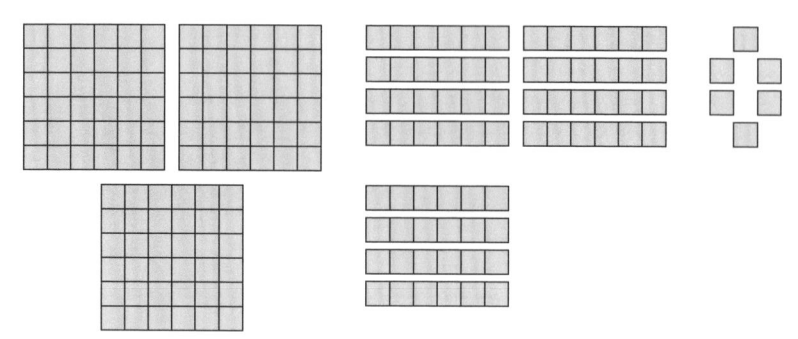

**FIGURA 3.5** A solução de Randy.
*Fonte:* O autor.

    Os alunos dele dão uma variedade de respostas que ilustram uma série de visões. Por exemplo (veja a Figura 3.5), Randy ilustra o problema com blocos de base 10, usando centenas achatadas, dezenas longas, unidades cúbicas. Ele ilustra números e combina blocos, mas não tem certeza de como registrar os resultados. Ele faz um desenho dos blocos de base 10 e chama as partes de "3 chatos", "12 longos", "6 cúbicos".

    Inicialmente, Ana soma as centenas, registrando 300 como resultado intermediário; a seguir, soma as dezenas, mantendo a resposta na cabeça, adiciona as unidades e, por fim, os resultados parciais (300 + 12 dezenas + 6), e escreve 426 como resposta. Outros alunos utilizam o algoritmo convencional (juntando os números a ser somados e depois adicionando as unidades, adicionando as dezenas e as renomeando como centenas e dezenas, e finalmente adicionando as centenas) com precisão, mas alguns escrevem 3126 como resposta. Becky encontra a resposta usando cálculo mental e nada escreve, exceto sua resposta. Quando lhe pedem para explicar, ela diz: "Bom, duas centenas e uma centena são três centenas e 5 dezenas e 5 dezenas são 10 dezenas, ou mais uma centena, de modo que isso dá quatro centenas. Há ainda duas dezenas restantes, e 3 e 3 é 6, por isso é 426."

## ALGORITMOS DE ADIÇÃO DE NÚMEROS INTEIROS

Um professor que observasse os alunos do segundo ano poderia ter várias perguntas: a abordagem de Ana ou Becky à adição sempre funciona? Até onde esses algoritmos aparentemente *alternativos* são eficientes quando comparados com o algoritmo convencional de adição tradicional? Por que algumas crianças calculam 3126 em vez de 426? Para entender melhor estas e outras questões, precisamos examinar um pouco mais o algoritmo convencional de adição. Começarei com a notação comum convencional de base 10 e, em seguida, a fim de destacar a estrutura da matemática para você, vou refletir a respeito desses resultados em outras bases.

## Base 10

Vamos voltar para o problema que fizemos anteriormente na tábua de contagem (e os alunos do professor Daley fizeram em aula):

$$\begin{array}{r} 153 \\ +273 \\ \hline \end{array}$$

Se fizesse esta adição usando o algoritmo convencional, poderia explicar a minha resposta apontando que comecei, como fiz na tábua de contagem, na coluna de unidades, somando inicialmente o 3 e o 3, para um resultado de 6, e escrevendo esse algarismo na coluna de unidades. A seguir, somei o 7 e o 5 (na verdade, 70 e 50, respectivamente) para um resultado de 12 (na verdade, 120). Como o valor posicional não permite essa possibilidade, não posso colocar um algarismo duplo em uma *posição*, então devo transportar o algarismo das dezenas "1" desse 12 (que, na verdade, é 100) à coluna das centenas e escrever o algarismo de unidade "2" nesse 12 (que é, na verdade, 20) na coluna de dezenas. Agora, adiciono o 1 *transportado*, o 1 e o 2 (na verdade, 100, 100 e 200, respectivamente) na terceira coluna, para um resultado de 4 e escrevo o 4 (que é, na verdade, 400) na coluna de centenas. O resultado final, como já mencionei anteriormente, poderia ser algo como

$$\begin{array}{r} \overset{1}{1}53 \\ +273 \\ \hline 426 \end{array} \qquad (A)$$

Embora minha explicação tenha sido necessariamente tediosa (a matemática é multissemiótica, e limitei a explicação à linguagem escrita[3]), este procedimento deve ser conhecido da maioria dos adultos. No entanto, como a razão pela qual o procedimento funciona pode não ser óbvia, vamos olhar com mais atenção. Lembre-se de que em um sistema posicional podemos escrever qualquer número como uma soma linear de potências de 10. Assim

$$153 = 1 \cdot 100 + 5 \cdot 10 + 3 \cdot 1$$
$$273 = 2 \cdot 100 + 7 \cdot 10 + 3 \cdot 1$$

Somando-os, tenho

$$153 + 273 = 1 \cdot 100 + 5 \cdot 10 + 3 \cdot 1 + 2 \cdot 100 + 7 \cdot 10 + 3 \cdot 1$$
$$= 1 \cdot 100 + 2 \cdot 100 + 5 \cdot 10 + 7 \cdot 10 + 3 \cdot 1 + 3 \cdot 1$$

e o uso da propriedade distributiva dá

$$153 + 273 = (1 + 2) \cdot 100 + (5 + 7) \cdot 10 + (3 + 3) \cdot 1 \qquad (B)$$

O fundamental aqui e em (A) é que as potências de 10 estejam *emparelhadas* em cada um dos membros ou parcelas. Para uma criança, a importância disso no algoritmo convencional pode não ser evidente – ou ser evidente apenas porque o professor insiste e nada mais. No entanto, está claro que não é o caso de

$$153 + 273 = 1 \cdot 1000 + (5 + 2) \cdot 100 + (7 + 3) \cdot 10 + 3 \cdot 1$$

Eu somo os algarismos na posição das unidades

$$153 + 273 = (1 + 2) \cdot 100 + (5 + 7) \cdot 10 + 6 \cdot 1$$

e meu próximo passo é somá-los na posição das dezenas:

$$153 + 274 = (1 + 2) \cdot 100 + 12 \cdot 10 + 6 \cdot 1 \qquad (C)$$

Se somasse os algarismos nas centenas – e não há nada de errado nisso – eu teria

$$153 + 274 = 3 \cdot 100 + 12 \cdot 10 + 6 \cdot 1 \qquad (D)$$

No entanto, a regra é que eu não posso ter um número de dois algarismos em uma *posição*. Ou seja, não posso escrever

$$153 + 274 = 3126$$

como alguns dos alunos do professor Daley podem ter (mal) entendido. Agora

$$12 \cdot 10 = 10 \cdot 10 + 2 \cdot 10 \qquad\qquad\qquad (E)$$
$$= \underline{1} \cdot 100 + 2 \cdot 10$$

então

$$153 + 273 = (1 + 2) \cdot 100 + \underline{1} \cdot 100 + 2 \cdot 10 + 6 \cdot 1 \qquad (F)$$
$$= (1 + 2 + \underline{1}) \cdot 100 + 2 \cdot 10 + 6 \cdot 1 \qquad\qquad (G)$$

Se você voltar e examinar meu cálculo em (A), vai ver que o "1" que sublinhei em (F) e (G) corresponde ao "1" acima do algarismo "1" em 153. Por fim, a soma das centenas dá

$$153 + 273 = 4 \cdot 100 + 2 \cdot 10 + 6 \cdot 1 \qquad\qquad (H)$$
$$= 426$$

Refletindo no trabalho realizado pelos alunos na sala de aula do professor Daley, noto que a expressão (C) representa a solução de Randy e parece ser o momento em que alguns alunos do professor escrevem 3126 como sua resposta final. Esses erros parecem resultar menos de dificuldades com adição do que de uma incompreensão do nosso sistema de representação de base 10.

Os detalhes da minha discussão também podem ser convenientemente registrados em notação vertical, usando o que tem sido chamado de método de soma parciais:

$$\begin{array}{r} 100 + \phantom{0}50 + 3 \\ \underline{200 + \phantom{0}70 + 3} \\ 300 + 120 + 6 \end{array}$$

O reagrupamento dá a soma de 426. Observe que tanto o processo de soma horizontal que esbocei acima quanto o método de somas parciais constituem, de certo modo, o algoritmo convencional de adição habitual. A diferença aparente é que a versão aprimorada do algoritmo convencional de adição, ilustrada em (A), emprega um pouco da taquigrafia que a torna mais eficiente para registrar somas parciais e, simultaneamente, para os novatos, menos compreensível.

É claro que existem formas alternativas de fazer somas (a das somas parciais é uma delas). Vamos dar uma olhada nos métodos que Becky e Ana aplicaram. Embora esses métodos possam parecer incomuns, o processo de adição que esbocei acima se presta a descrever as soluções que elas usaram. Ana, como muitos de seus colegas de turma, na verdade começa com

$$153 + 273 = (1 + 2) \cdot 100 + (5 + 7) \cdot 10 + (3 + 3) \cdot 1 \qquad (B)$$

No entanto, ela inicialmente soma as centenas:

$$153 + 273 = 3 \cdot 100 + (5 + 7) \cdot 10 + (3 + 3) \cdot 1 \qquad\qquad (D')$$
$$= 300 + (5 + 7) \cdot 10 + (3 + 3) \cdot 1$$

em seguida, as dezenas:

$$153 + 274 = 300 + 12 \cdot 10 + (3 + 3) \cdot 1 \qquad\qquad (E')$$
$$= 420 + (3 + 3) \cdot 1$$

e, finalmente, as unidades:
$$153 + 274 = 420 + 6 \cdot 1 \tag{F'}$$
$$= 426$$

Como se pode ver, este algoritmo alternativo certamente é válido e, neste caso, um pouco mais eficiente do que o algoritmo convencional de adição. Pode-se argumentar que este algoritmo alternativo requer mais cálculo mental e que uma criança poderia ter dificuldade de usar essa abordagem com números muito grandes. Por outro lado, pode-se argumentar que este algoritmo alternativo se baseia em um sentido de número e é um precursor da estimativa.[4]

Becky, ao juntar dezenas, emprega um algoritmo que é bastante semelhante ao de Ana. Ela inicialmente soma as centenas:
$$153 + 273 = 3 \cdot 100 + (5 + 7) \cdot 10 + (3 + 3) \cdot 1 \tag{D''}$$
$$= 300 + (5 + 7) \cdot 10 + (3 + 3) \cdot 1$$

Em seguida, as dezenas:
$$153 + 273 = 300 + ((5 + 5) + 2) \cdot 10 + (3 + 3) \cdot 1 \tag{E''}$$
$$= 300 + 100 + 2 \cdot 10 + (3 + 3) \cdot 1$$
$$= 400 + 2 \cdot 10 + (3 + 3) \cdot 1$$

E, por fim, as unidades:
$$153 + 274 = 400 + 2 \cdot 10 + 6 \cdot 1 \tag{F''}$$
$$= 426$$

### PROBLEMA 3.4

Use o algoritmo de Ana ou o de Becky para calcular a adição de 2589 + 9852.

Embora o método de Ana ou o de Becky possam parecer estranhos para aqueles de nós que cresceram com os algoritmos convencionais dos tempos modernos, não parece improvável que essas abordagens, e outras, possam conter parte da história do que tem sido chamado de "aritmética do risco."[5] Por exemplo, escrevo o problema como

$$\begin{array}{c} 153 \\ 273 \end{array}$$

e, em seguida, procedendo da esquerda para a direita, somo o 2 e o 1 para um total de 3, posiciono esse 3 abaixo do 2, e risco o 1 e o 2:

$$\begin{array}{c} \cancel{1}53 \\ \cancel{2}73 \\ 3 \end{array}$$

Agora, somo o 5 e o 7 para obter um resultado de 12, posiciono o 2 no 12 abaixo de 7, e transporto mentalmente o 1 à próxima coluna à esquerda. Adiciono o 1 e o 3 para um total de 4, posiciono esse 4 abaixo do 3, e risco o 3, o 5 e o 7.

$$\begin{array}{c} \cancel{1}53 \\ \cancel{273} \\ 32 \\ 4 \end{array}$$

Agora, somo 3 e 3 para um total de 6 e, riscando os 3s, chego à soma de 426:

$$\begin{array}{r} \cancel{153} \\ \cancel{273} \\ 326 \\ 4 \end{array}$$

Embora *fazer dez* não seja um algoritmo, ligeiramente generalizado ele pode ser usado como uma heurística para obter uma soma. Por exemplo, para somar 239 e 345, preciso apenas observar mentalmente que

$$\begin{aligned} 39 + 45 &= 39 + 1 + 44 \\ &= 40 + 44 \\ &= 84 \end{aligned}$$

Como 200 + 300 é 500, a soma mental desses totais parciais dá

$$239 + 345 = 584$$

### PROBLEMA 3.5

Use (a) o algoritmo convencional, (b) *fazer dez* e (c) o método de adição do risco para calcular 29997 + 88.

## Outras bases

Não surpreendentemente, o algoritmo convencional de adição, com pequenos ajustes, pode ser usado para calcular a soma em qualquer sistema, seja qual for a sua base. Façamos a soma $111_2 + 101_2$ na base 2 (isto é, a soma 7 + 5 na base 10). Tudo o que precisamos lembrar é que a base 2 é um sistema de valores posicionais e que, na base 2,

$$\begin{aligned} 0 + 0 &= 0 \\ 1 + 0 &= 1 \\ 1 + 1 &= 10_2 \end{aligned}$$

Alinhando-se as coisas de maneira habitual e aplicando o algoritmo convencional de adição,[6] temos

$$\begin{array}{r} {\scriptstyle 11} \phantom{_2} \\ 111_2 \\ +101_2 \\ \hline 1100_2 \end{array}$$

Se me pedissem para explicar o que estou fazendo, poderia responder da seguinte forma: você começa na coluna das unidades. A soma de 1 mais 1 dá $10_2$, e como não se podem ter dois algarismos em uma coluna, você transfere o 0 em $10_2$ abaixo, na coluna de unidades e transporta o 1 de $10_2$ para a coluna dos dois. Você soma este 1, e o 1 e o 0, na coluna dos dois para obter $10_2$ e, como antes, transfere o zero em $10_2$ para baixo, na coluna dos dois e transporta o 1 em $10_2$ para a coluna dos quatros. Aqui, você soma este 1, e o 1 e o 1 na coluna dos quatros. 1 mais 1 dá $10_2$, e somando mais 1, temos $11_2$. Então, você coloca o 1 mais à direita em $11_2$ abaixo, na coluna dos quatros e transporta o 1 mais à esquerda em $11_2$, para a coluna dos oitos.

Soa peculiar? Vamos dar uma olhada mais de perto. (Observe que estou escrevendo as expansões em base 10, para que o lado mais à esquerda da minha equação esteja na base 2 e o lado mais à direita, na base 10.)

$$111_2 = 1 \cdot 4 + 1 \cdot 2 + 1 \cdot 1$$
$$101_2 = 1 \cdot 4 + 0 \cdot 2 + 1 \cdot 1$$

Combinando potências adequadas de 2 (isto é, alinhando as coisas), temos

$$111_2 + 101_2 = (1 + 1) \cdot 4 + 1 \cdot 2 + (1 + 1) \cdot 1$$

Procedendo da direita para a esquerda (e, claro, Ana e Becky nos mostraram que a direção não faz diferença), temos

$$\begin{aligned}111_2 + 101_2 &= (1 + 1) \cdot 4 + 1 \cdot 2 + 2 \cdot 1 \\ &= (1 + 1) \cdot 4 + 2 \cdot 2 + 0 \cdot 1 \\ &= (1 + 1) \cdot 4 + 1 \cdot 4 + 0 \cdot 1\end{aligned}$$

onde, em essência, transporto duas vezes; ver (I), acima. Finalmente somando na coluna dos quatros, temos

$$\begin{aligned}111_2 + 101_2 &= (1 + 1) \cdot 4 + 1 \cdot 4 + 0 \cdot 2 + 0 \cdot 1 \\ &= 1 \cdot 8 + 1 \cdot 4 + 0 \cdot 2 + 0 \cdot 1\end{aligned}$$

ou, em base 2: $1100_2$ (em base 10, isso corresponde, naturalmente, a 12).

Assim, a forma como se utiliza o algoritmo convencional e a justificação para sua validade é essencialmente a mesma em base 2 e em base 10. Poderíamos, claro, construir uma tábua de contagem que operasse em base 2 e, de fato, esta costuma ser a forma com que um computador soma. Basta lembrar três fatos da adição (0 + 0 = 0, 1 + 0 = 1, e 1 + 1 = 10) e ter muita paciência.

### PROBLEMA 3.6

Usando o algoritmo convencional (ou, se quiser, os métodos alternativos de Ana ou de Becky), calcule $452_6 + 304_6$ em base 6. Confira seu trabalho convertendo à base 10.

## SÉRIES ARITMÉTICAS E NÚMEROS FIGURADOS

O algoritmo convencional de adição pode, é claro, ser facilmente estendido para lidar com adições do tipo

$$\begin{array}{r}17\\34\\51\\+68\\\hline\end{array}$$

No entanto, existem maneiras mais eficientes para calcular determinadas adições que surgem em qualquer sala de aula de matemática. Imagine, por exemplo, que sua professora de matemática do 2º ano, a sra. Whatzit, em um esforço para manter você e seus colegas de classe ocupados, escrevesse o seguinte problema no quadro:

Encontre a soma dos números de 1 a 100.

Nem um pouco divertido, não é? Diz-se que quando o extraordinário matemático Karl Friedrich Gauss (1777-1855) tinha 7 anos, seu professor deu à turma esse exato problema. Ao ser informado de que todos os membros da turma deveriam trabalhar o problema de forma independente em suas lousas e, quando concluíssem, colocar as lousas na mesa do professor, Gauss rapidamente se levantou, caminhou para a frente e colocou a lousa na mesa do professor. Lá só estava escrita a resposta correta, 5.050. Diante da pergunta sobre como resolveu o problema, ele disse que observou que, se a pessoa escrever os números de 1 a 50 da esquerda para a direita e, abaixo deles, escrever os números 51 a 100, da direita para a esquerda,

$$1 \quad 2 \quad 3 \quad 4 \ldots \cdots \ldots 47 \quad 48 \quad 49 \quad 50$$
$$100 \quad 99 \quad 98 \quad 97 \ldots \cdots \ldots 54 \quad 53 \quad 52 \quad 51$$

e somar os números em cada coluna, o resultado é sempre 101. Assim, como existem 50 termos desses, a resposta à soma da série deve ser de 50 · 101, ou 5050.

Essa técnica para somar séries parece ser bastante poderosa. Suponha que o professor de Gauss tivesse escrito o seguinte problema no quadro:

Encontre a soma dos números ímpares de 1 a 100.

Neste caso, Gauss poderia ter demorado um pouco mais, mas sua técnica de solução funcionaria igualmente bem:

$$1 \quad 3 \quad 5 \quad 7 \ldots \cdots \ldots 43 \quad 45 \quad 47 \quad 49$$
$$99 \quad 97 \quad 95 \quad 93 \ldots \cdots \ldots 57 \quad 55 \quad 53 \quad 51$$

A soma das colunas é 100, e como há 25 termos na linha de cima, a soma é simplesmente 2.500 (ou, curiosamente, $50^2$). Um pouco mais de experimentação sugere que, para uma série desse tipo – que é chamada de série aritmética porque existe uma diferença constante entre cada termo e o seguinte a ele na série – a soma pode ser escrita, de modo mais geral, como a função

$$S(n) = n\frac{(a_1 + a_n)}{2}$$

onde $n$ é o número de termos na série, $a_1$ é o primeiro termo e $a_n$ é o último termo.

Deixe-me esboçar uma prova por indução. Provarei, em relação à série aritmética indicando a diferença constante por $d$,

$$a_1\, a_2\, a_3 \ldots a_n \ldots$$

| Prova por indução |

que

$$S(n) = n\frac{(a_1 + a_n)}{2}$$

para todos os $n \geq 1$.

Passo 1: Quando há apenas um termo, $a_1 = a_n$ e, é claro, a soma da série é $a_1$. Por outro lado,

$$S(1) = 1\left(\frac{a_1 + a_1}{2}\right)$$
$$= a_1$$

Passo 2: Suponho que

$$S(n) = 1\frac{(a_1 + a_n)}{2}$$

para $1 \leq n \leq N$ e provo que

$$S(N + 1) = (N + 1)\frac{(a_1 + a_{N+1})}{2}$$

Bem, sei que

$$S(N + 1) = S(N) + a_{N+1}$$

No entanto, por hipótese,

$$S(N) = N\frac{(a_1 + a_N)}{2}$$

logo

$$S(N + 1) = N\frac{(a_1 + a_N)}{2} + a_{N+1}$$

Também sei que[7]

$$a_2 = d + a_1$$
$$a_3 = d + d + a_1$$
$$\dots\dots\dots\dots\dots$$
$$a_N = (N-1)d + a_1$$
$$a_{N+1} = Nd + a_1$$

logo

$$\begin{aligned}
S(N + 1) &= N\frac{(a_1 + a_N)}{2} + a_{N+1} \\
&= N\frac{(a_1 + a_N)}{2} + \frac{2a_{N+1}}{2} \\
&= N\frac{(a_1 + a_N)}{2} + \frac{a_{N+1} + Nd + a_1}{2} \\
&= \frac{Na_1 + a_1 + Na_N + Nd + a_{N+1}}{2} \\
&= \frac{(N+1)a_1 + N(a_N + d) + a_{N+1}}{2} \\
&= \frac{(N+1)a_1 + Na_{N+1} + a_{N+1}}{2} \\
&= (N + 1)\frac{(a_1 + a_{N+1})}{2}
\end{aligned}$$

como se queria demonstrar.

## PROBLEMA 3.7
Qual é a soma dos números pares de 1 a 100?

A determinação da soma dos números ímpares tinha recebido uma excelente solução dos gregos (e dos hindus) já em 300 a. C. Um dos primeiros métodos de solução usava números figurados. Por exemplo, os números ímpares podem ser expressos como

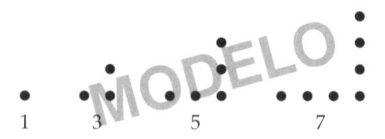

e os números quadrados, como

Assim, o número quadrado "4" é constituído pelo número ímpar "1", juntamente com o número ímpar "3" (isto é, 1 + 3 = 4), e o número quadrado "9" é constituído pelo número ímpar "1", juntamente com o número ímpar "3" e o número ímpar "5" (isto é, 1 + 3 + 5 = 9). Donde a soma dos primeiros $n$ números ímpares é apenas $n^2$.

A ideia de números figurados foi generalizada pelos gregos, e há outros números poligonais (por exemplo, números triangulares, hexagonais, heptagonais e octogonais) e suas relações a serem explorados. Essas noções podem inclusive ser vistas em três dimensões. Como Arquimedes mostrou, a soma dos quadrados

é apenas o número piramidal quadrado

$$1^2 + 2^2 + 3^2 + \cdots + n^2 = \frac{1}{6} n(n + 1)(2n + 1)$$

### PROBLEMA 3.8

Procure a solução de Arquimedes na internet ou dê uma olhada em *The Book of Numbers*, de Conway e Guy (1996), e veja como você pode colocar esses blocos juntos para obter este resultado. (*Dica*: Três é mais fácil do que um.)

Tendo visto que os números quadrados contam os quadrados, você pode se perguntar o que contam os números piramidais. Bom, os primeiros são

$$1, 5, 14, 30, 55$$

Por outro lado, o número de quadrados no quadrado $2 \times 2$ é 5 (isto é, quatro quadrados $1 \times 1$ e um quadrado $2 \times 2$), e o número de quadrados no quadrado $3 \times 3$

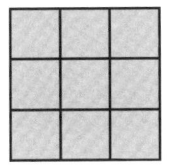

é 14. Assim, poderia conjecturar que o número piramidal $n^{\underline{o}}$ conta o número de quadrados em um quadrado $n \times n$.

### PROBLEMA 3.9
Faça mais algumas experiências e veja o que acha.

## PROBLEMAS INDETERMINADOS

Já demos uma olhada no algoritmo convencional de adição e exploramos brevemente como somar uma determinada série de números inteiros, de modo que tudo o que resta a considerar neste capítulo são os problemas de texto de adição. Muitos dos problemas de texto de adição que os alunos experimentam nos anos iniciais são do tipo

> Yeeman tem 22 bolinhas de gude e Paulo lhe dá mais 17. Quantas bolas de gude Yeeman tem agora?

e envolvem a aplicação direta do algoritmo convencional de adição. No entanto, no $2^{\underline{o}}$ ano, as crianças começam a ter contato com variações, tais como

> Yeeman tem 22 bolas de gude. Paulo lhe dá as suas e ela agora tem 39 bolas de gude. Quantas bolas de gude Paulo deu a Yeeman?

ou

> Paulo dá a Yeeman 17 bolinhas e ela agora tem 39. Quantas bolas de gude Yeeman tinha antes?

Por ainda estarem desconfortáveis com a subtração, as crianças muitas vezes resolvem estes últimos problemas contando. Ou seja, a criança pode dizer: "Certo, eu tinha 22 bolas de gude, e agora que Paulo me deu as suas, tenho 39, de modo que preciso contar até 39. Uma bola a mais é 23, duas bolas a mais é 24, ..., 17 bolas de gude a mais é 39. Portanto, a resposta é 17."

Examinemos a forma como esse problema pode ser resolvido por subtração. Vou escrever $P$ para as bolinhas de Paulo. Então ou

$$22 + P = 39$$

$$P = 39 - 22$$
$$= 17$$

Observe que um passo crucial nesta solução é isolar o termo que se pretende determinar de um lado da equação, e a subtração realiza esta tarefa muito bem. No entanto, suponha que Andrew também dê a Yeeman suas bolas de gude. A subtração ainda funciona? Neste caso, a equação toma a forma de

$$22 + P + A = 39 \qquad (J)$$

onde $A$ representa as bolas de gude de Andrew. Pressupondo que ainda estejamos interessados em quantas bolas Paulo deu a Yeeman, subtraio as 22 bolas originais de Yeeman e as dadas por Andrew de ambos os lados:

$$P = 39 - 22 - A \qquad (K)$$
$$= 17 - A$$

Neste caso, as soluções são consideradas *indeterminadas* e são dadas por $A = 0, ..., 17$. Isto é, existem 18 soluções dadas pela função $P$, com o domínio em $S = \{0, 1, 2, 3, 4, ..., 16, 17\}$ e o contradomínio nos números positivos naturais ($\mathbb{N}$), de tal forma que

$$P(A) = 17 - A$$

Agora, examinarei um problema um pouco mais difícil, que muitas vezes aparece no $3^{\underline{o}}$ ano e depois, da seguinte forma:

Os lápis custam 15 centavos* e as borrachas custam 10 centavos. Para gastar exatamente 2 reais, quais são as diferentes combinações de lápis e borrachas que você pode comprar?

Ao abordar esse tipo de problema, os alunos inicialmente "chutam" e verificam, mas muitos professores incentivam o pensamento mais sistemático e podem sugerir uma abordagem mais tabular:

| Lápis | Borrachas | Total |
|---|---|---|
| 0 | 20-200 centavos | 200 centavos |
| 2-30 centavos | 17-170 centavos | 200 centavos |
| 4-60 centavos | 14-140 centavos | 200 centavos |
| 6-90 centavos | 11-110 centavos | 200 centavos |
| 8-120 centavos | 8-80 centavos | 200 centavos |
| 10-150 centavos | 5-50 centavos | 200 centavos |
| 12-180 centavos | 3-20 centavos | 200 centavos |

Fonte: O autor.

---

* N. de R.T.: Na tradução, o valor dos lápis e borrachas estão em centavos porque optamos por manter o valor correspondente à tradução literal, sem adequação aos valores brasileiros.

Esse método gráfico (a propósito, uma prova por exaustão) é significativamente mais eficiente do que o chute e a verificação, um pouco aleatórios, mas ainda pode haver algum questionamento sobre a solução apresentada ser completa ou não. Por volta do ano 600, Brahmagupta (ORE, 1948, p. 122), usando o que hoje é chamado de análise linear indeterminada, abordou amplamente essas preocupações. Vamos dar uma olhada – usando notação atual – em como ele poderia ter resolvido o problema. Sejam

$$P = \text{o número de lápis}$$
$$E = \text{o número de borrachas}$$

Os lápis custam 15 centavos e as borrachas custam 10 centavos, então, tenho a equação

$$15 \cdot P + 10 \cdot E = 200$$

É claro que esta equação é indeterminada, isto é, tem, no mínimo, sete soluções.

Vou simplificar um pouco as coisas, dividindo ambos os lados por 5:

$$3 \cdot P + 2 \cdot E = 40 \tag{L}$$

Como o coeficiente para as borrachas (indicado por $E$) é menor do que o coeficiente para os lápis (indicado por $P$), vou calcular para $E$. Assim, pelos mesmos meios de (K), tenho que

$$2 \cdot E = 40 - 3 \cdot P \tag{M}$$

No entanto, o coeficiente de $E$ não é 1, então, divido ambos os lados por 2.

$$E = 20 - (3/2) \cdot P \tag{N}$$

ou, depois de me livrar da minha fração imprópria,

$$E = 20 - P - (1/2) \cdot P \tag{O}$$

Agora dou um passo crucial. Sei que $(1/2) \cdot P$ deve ser um número inteiro, porque a soma de $P$, $(1/2) \cdot P$, e $E$ é o número inteiro 20. Chamemos esse número inteiro de $Q$. Isto é,

$$(1/2) \cdot P = Q$$

ou

$$P = 2 \cdot Q$$

Recolocando na equação (O), tenho

$$E = 20 - 3 \cdot Q \tag{P}$$

Digo que a equação (P) dá todas as soluções possíveis para o problema. Como $E$ e $P$ devem ser positivos, $Q$ só pode assumir os valores 0, 1, 2, 3, 4, 5 e 6 (por exemplo, se $Q = 7$, então $E = -1$). Assim, $P$ é 0, 2, 6, 8, 10 ou 12 e $E$ é, respectivamente, 20, 17, 14, 11, 8 ou 5. Escrevendo em notação funcional, temos

$$P(Q) = 2 \cdot Q$$
$$E(Q) = 20 - 3 \cdot Q$$

E ambas estas funções têm domínio $S = \{0, 1, 2, 3, 4, 5, 6\}$ e contradomínio $\mathbb{N}$.

Problemas mais complicados resultam em excelentes soluções com este método. Considere esse problema de *Gantia-Sara-Sangraha*, de Mahaviracarya:

> Nos arredores reluzentes e refrescantes de uma floresta, que estavam cheios de numerosas árvores com os galhos inclinados pelo peso de flores e frutas, algumas, como cajueiros, tamareiras, hintalas, palymyras, punnagas e mangueiras – cheias de muitos sons de multidões de papagaios e cucos, encontrados próximos a fontes contendo flores de lótus, com as abelhas voando em torno deles, um número de viajantes entrou com alegria.
>
> Há 63 pilhas iguais de bananas e 7 bananas soltas. Elas foram divididas igualmente entre os 23 viajantes. Diga-me o número de frutos em cada pilha.

Se $F$ for o número de bananas em cada pilha e $T$, os frutos dados a cada viajante, temos a equação

$$63 \cdot F + 7 = 23 \cdot T$$

em que $F$ denota o número de pilhas e $t$, o número de frutas recebidas por viajante.

Aplicando-se alguma persistência e a mesma abordagem (*Dica*: 63 é divisível por 7), teremos todas as soluções. Isto é,

$$T(Q) = 63Q + 14$$
$$F(Q) = 23Q + 5$$

em que o domínio de $T$ e $F$ é $\{0\} \cup \mathbb{N}$ e seu contradomínio é $\mathbb{N}$. Note-se que há soluções infinitamente numerosas, ainda que essas soluções tenham uma forma específica.

### PROBLEMA 3.10

E se existissem apenas sete pilhas de banana, 3 bananas soltas e 3 viajantes, quantas frutas haveria em cada pilha?

## INVESTIGAÇÕES

1. Depois de fazer compras nas férias, uma jovem se dá conta de que não pode pagar o aluguel de janeiro. Ela propõe ao proprietário do imóvel que, em cada um dos (31) dias de janeiro em que não pagou o aluguel, dará a ele um dos elos de sua corrente de ouro de 18 quilates, que tem exatamente 31 elos. Então, no final do mês, quando pagar o aluguel atrasado, ele devolverá todas as partes da corrente. Depois de devidamente verificar a qualidade do colar, o proprietário concorda.

   Mas a mulher fica preocupada com o custo de remontar o colar no final do mês. Depois de alguma reflexão, ela tem uma ideia. No primeiro dia, ela vai cortar um elo para dar ao proprietário. Mas depois, no segundo dia, em vez de cortar outro elo, ela vai cortar um par, dar a ele esta peça de dois elos, e recuperar o elo que estava com ele.

   No terceiro dia, ela devolverá o elo único, de modo que o proprietário do imóvel tenha os três elos, e assim por diante.

   O problema é: Qual é o número mínimo de cortes necessários para que, em cada um dos 31 dias de janeiro, ela possa dar ao proprietário o número exato de elos necessários nesse dia?[8]

2. Vamos brincar um pouco com a fórmula para somar séries aritméticas. Em particular, vamos considerar somas de números naturais consecutivos. Alguns exemplos são

$$1 + 2 + 3 = 6 \qquad 7 + 8 + 9 + 10 = 34 \qquad 75 + 76 = 151$$

No entanto, observo que não consigo obter 2, 4, 8, 16, ..., $2^n$ como somas. Isto é, parece que não sou capaz de obter uma potência em número inteiro de 2 como soma. Prove que fazer isso é realmente impossível. [*Dica*: Use a fórmula para a série aritmética e tenha em mente que, se estiver na forma de $2^n$, a soma será divisível por $2^k$ para $1 \leq k \leq n$.]

3. Vendi uma cópia deste livro por 50 reais e, em seguida, comprei-a de volta por 40 reais, assim, claramente ganhando 10 reais, porque recebi o mesmo livro de volta e ainda 10 reais. Agora, tendo comprado por 40 reais, eu o revendi por 45 e ganhei mais 5 reais, ou 15 reais ao todo.

Quando contei isso a alguns amigos meus, uma amiga, Samantha, imediatamente disse: "Uau! Espere um minuto. Você começou com um livro no valor de 50 reais e no final da segunda venda, tinha apenas 55! Como pode ter ganhado mais do que 5 reais? A venda do livro por 50 é uma mera troca, que não representa lucro nem perda, mas quando compra por 40 reais e vende por 45, você ganha 5 reais, e isso é tudo."

"Não mesmo", disse um outro amigo, Derrick. "Afirmo que, quando você vende por 50 e comprar de volta por 40, fica claro que ganhou 10 reais, porque tem o mesmo livro e 10, mas quando, posteriormente, vende por 45 reais, você faz aquela simples troca a que se referiu Samantha, que não apresenta lucro nem perda. Isso não afeta o seu primeiro lucro, então, você ganhou exatamente 10 reais."

Infelizmente, nenhum de nós está correto. Você pode explicar por quê? Quais as informações você poderia acrescentar para que eu estivesse correto? E para que Samantha estivesse correta? E para que Derrick estivesse correto? (GARDNER, 1959).

4. Você se lembra de Susie, do Capítulo 1, e suas conjecturas? Duas conjecturas um pouco relacionadas são a conjectura de Goldbach:

Todos os números pares podem ser escritos como a soma de dois números primos.

e a conjectura dos Números Primos Gêmeos:

Há um número infinito de pares primos e $p_1$ e $p_2$, de forma que $p_1 - p_2 = 2$.

Use o Google ou algum outro mecanismo de busca para conhecer a história dessas hipóteses.

## NOTAS

1. Datada de cerca de 3000 a. C.
2. Existem evidências de que um círculo, neste contexto, é equivalente a 6 cunhas.
3. Dominar os aspectos "pictórico" e "taquigráfico" da matemática é fundamental para dominar o algoritmo convencional de adição. Observe como a minha apresentação é consideravelmente simplificada (supondo que eu seja pouco hábil em usar o algoritmo) pelo uso de algarismos e dos sinais de mais, e

por meu posicionamento e minha orientação (isto é, em colunas verticais específicas) dos algarismos dos números a ser somados (e o transporte).
4. Pense nisso por um momento. Se eu quiser que os alunos se concentrem no que estão fazendo, ou seja, na adição de números, talvez seja uma boa ideia fazer com que se concentrem nas somas que estão gerando (o que muitas vezes é chamado de estimar). Se eu começar da esquerda, sempre terei em mente a magnitude aproximada da soma final. Se começar da direita, não terei ideia de onde vou acabar.
5. Há evidências da versão de subtração.
6. Ao fazer uma soma assim, eu normalmente não escreveria o subscrito que indica a base. No entanto, venho fazendo isso neste texto para minimizar a confusão.
7. Embora um tanto óbvio, pode merecer uma prova. Vou deixá-la para você.
8. Este problema foi mencionado a mim por Hyman Bass.

## REFERÊNCIAS

CONWAY, J. H.; GUY, R. K. *The book of numbers*. New York: Springer-Verlag, 1996.
FUSON, K. C. Developing mathematical power in whole number operations. In: KILPATRICK, J.; MARTIN, W. G.; SCHIFTER, D. (Ed.). *A research companion to NCTM's standards*. Reston: NCTM, 2003.
GARDNER, M. (Ed.). *Mathematical puzzles of Sam Loyd*. New York: Dover, 1959.
NATIONAL COUNCIL OF TEACHERS OF MATHEMATICS. *Principles and standards for school mathematics*. Reston: NCTM, 2000.
ORE, O. *Number theory and its history*. New York: McGraw-Hill, 1948.
SANFORD, V. Counters: computing if you can count to five. In: SWETZM F. J. (Ed.). *From five fingers to infinity*: a journey through the history of mathematics. Chicago: Open Court, 1994.
STEELE, R. (Ed.). *The earliest arithmetics in English*. Oxford: Oxford University, 1922.

# CAPÍTULO 4

## Diferenças

Este capítulo trata da arte de calcular diferenças, ou seja, encontrar soluções para problemas da seguinte forma:

$$5 + x = 9$$

Inicialmente, examinaremos essa arte em termos de história e desenvolvimento e, em seguida, daremos uma olhada no algoritmo convencional de subtração

$$\begin{array}{r} \overset{1}{\cancel{2}}\,{}^1\!4 \\ -1\ 6 \\ \hline 8 \end{array}$$

A seguir, faremos algumas considerações sobre o que são números negativos. Ou seja, vamos examinar soluções para problemas do seguinte tipo:

$$24 + ? = 8$$

## A SUBTRAÇÃO A PARTIR DE UMA PERSPECTIVA HISTÓRICA

Tal como acontece com a adição, muito do que sabemos sobre as primeiras práticas de subtração vem da especulação do uso dos primeiros dispositivos de cálculo e da análise de contas judiciais e financeiras históricas. Uma dessas contas descreve uma série de operações fundamentais de aritmética e vem de uma passagem do *Fa jing* (um clássico jurídico chinês), compilado por Li Kui (424-387 a. C.):

> Um agricultor com uma família de cinco pessoas cultiva 100 *mu* de terra. A cada ano, um *mu* produz um e meio de milho, de modo que o produto total é 150 *dan*. Após a dedução de um décimo disso, que é de 15 *dan*, para a tributação, restam 135 *dan*. Cada pessoa consome um *dan* e meio por mês, de forma que cinco pessoas consomem 90 *dan* em um ano. Restam 45 *dan*. Cada dan vale 30 *qian*, de modo que o valor total é de 1.350 *qian*. Subtraindo-se 300 *qian* para sacrifícios ancestrais, ficam 1.050. Cada pessoa precisa de 300 *qian* para roupas, logo, o custo anual para as cinco pessoas é de 1.500. Há, portanto, um déficit de 450. (YONG; TIANSE, 1992, p. 30).

Esses cálculos não costumavam ser escritos e eram feitos usando numerais formados a partir de hastes retas (veja a Figura 4.1), em uma superfície como uma mesa ou esteira. No entanto (o que é intrigante), está escrito em *The Book of Master Laö* que "Os versados no uso do cálculo não usam contagem nem hastes."(YAN; SHÍRÀN, 1992, p. 7).

|     ||   |||   ||||   |||||   T  TT  TTT  TTTT

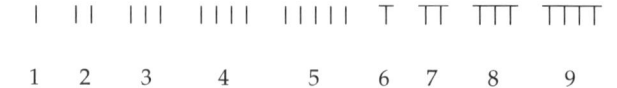

1    2    3    4      5    6   7    8    9

**FIGURA 4.1**   Os primeiros nove algarismos.
*Fonte:* O autor.

Parece que as hastes poderiam ter sido usadas para fazer um cálculo como

$$\begin{array}{r} 24 \\ -16 \end{array}$$

da seguinte maneira: na tábua de contagem, colocam-se assim os numerais (os numerais de 10 a 40 são como para 1 a 6, mas colocados horizontalmente[1]):

$$\begin{array}{r} = \quad ||| \\ - \quad T \end{array}$$

com unidades sob unidades, dezenas sob dezenas e assim por diante. Então, começa-se a subtrair da esquerda para a direita, subtraindo 10 de 20, o que dá

$$\begin{array}{cc} — \quad ||| & \quad\quad 14 \\ \quad T & \text{isto é,} \quad -\ 6 \end{array}$$

e depois, subtraindo 6 de 14, o que dá 8:

TTT

### PROBLEMA 4.1

Usando alguns objetos adequados – por exemplo, palitos de dente – experimente fazer os seguintes cálculos: (a) 47 – 22; (B) 35 – 16; (c) 186 – 97; (d) algo ousado.

Avançando para 1540 d. C., encontramos em *The Ground of Artes*, de Robert Recorde (apud SLEIGHT, 1942), a seguinte caracterização de subtração:

> Subtrair, ou descontar, nada mais é do que um ato de retirar ou diminuir, uma soma de outra da qual o restante pode aparecer. Problemas simples parecem ser compreendidos facilmente pelo Estudioso, mas quando se pede que subtraia 5.278.473 de 8.250.003.456, surgem algumas dificuldades, pois o Estudioso diz: "Então, tiro 7 de 5, mas isso não posso fazer, o que devo fazer?".
>
> *Mestre*: Observe bem o que vou lhe dizer agora, a forma como você deve proceder neste caso. Em qualquer soma, se a adição inferior [o algarismo no subtraendo] for maior do que a cifra da soma que está sobre ela, então você deve colocar [isto é, *somar*] 10 à cifra acima, e depois considerar quanto ela é, e dessa soma total retirar a cifra inferior. Mas agora você também deve observar outra coisa, de forma que quando colocar 10 em qualquer cifra, ainda deve somar 1 à cifra da posição que segue na linha inferior. Portanto, temos aqui toda a teoria da subtração. Mas, antes de passarmos à multiplicação, eu lhe diria que analisasse se o que fez na subtração está bem feito ou não [isto é, confira o que fez!]. Trace uma linha sob o menor número, e depois some esse resto, e todo o outro que você subtraiu antes, e escreva o resultado sob a linha mais abaixo: e se a soma que vier daí for igual à mais elevada da subtração, a subtração está bem feita.

Embora este método ainda seja usado em outras partes do mundo, muitos de nós não o conhecem, então, vamos ver como pode funcionar dentro do seguinte cálculo:

$$\begin{array}{r} 24 \\ -16 \\ \hline \end{array}$$

Não posso subtrair 6 de 4, portanto, de acordo com Recorde, transformo[2] o problema adicionando 10 ao 4 (isto é, ao 4 de 24), o que dá 14:

$$\begin{array}{r} 2\,^{1}4 \\ -1\ \ 6 \\ \hline 8 \end{array}$$

e depois subtraio 6 de 14, obtendo 8. Agora, devo somar 1 ao 1 (isto é, ao 1 de 16):*

$$\begin{array}{r} 2\,^{1}4 \\ -\cancel{1}^{2}\,6 \\ \hline 8 \end{array}$$

o que resulta em 2. Por fim, subtraio 2 de 2, o que dá 0, de modo que a diferença é 8.

Em 1927, havia três algoritmos gerais para subtração em uso nos Estados Unidos e no continente europeu: algoritmos de *adição*, de *adições iguais* e *decomposição*.[3] O algoritmo de *adições iguais* é semelhante ao proposto por Recorde, e o algoritmo de *decomposição* é essencialmente o algoritmo de subtração que usamos hoje. O algoritmo de *adições* é semelhante ao algoritmo de adições iguais, embora subtrair, por exemplo, 8 de 14, seja visto como a solução para

$$6 + x = 14$$

em vez de para

$$x = 14 - 6$$

Assim, se eu fosse calcular

$$\begin{array}{r} 24 \\ -16 \\ \hline \end{array}$$

Procederia da seguinte forma:

- Começando na coluna das unidades, observo que a soma de 8 e 6 me dá 14.
- Escrevo 8 na coluna das unidades e adiciono o 10 de 14 ao 10 de 16 (uma variação deste método é subtrair o 10 do 14 do 20 do 26).

$$\begin{array}{r} 2\ \ 4 \\ -\cancel{1}^{2}\,6 \\ \hline 8 \end{array}$$

- Indo à coluna das dezenas, observo que a soma de 2 e 0 me dá 2.
- A seguir, com efeito, escrevo 0 na coluna das dezenas.

---

* N. de R.T.: Esse algoritmo no Brasil é conhecido como "algoritmo da compensação" e usa a propriedade que diz que, em uma subtração, se somarmos um mesmo valor (no caso 10) ao minuendo e ao subtraendo, a diferença não se altera.

## PROBLEMA 4.2

Resolva cada um dos seguintes cálculos, usando o algoritmo convencional de subtração e o algoritmo de adições iguais.

a. 47 – 22
b. 35 – 16
c. 186 – 97

É interessante observar que, na Europa e nos Estados Unidos, durante o início do século XX, vários estudiosos investigaram os méritos[4] relativos do algoritmo de igualdade de adições e do algoritmo de decomposição, ou empréstimo, e descobriram que o primeiro era claramente superior. Por que este não levou a melhor? Ross e Pratt-Cotter (1997) sugerem que isso pode se dever principalmente à modificação de Brownell (mais ou menos em 1937) ao algoritmo de decomposição, como pode ser visto na marcação já familiar do atual algoritmo convencional de subtração:

$$\begin{array}{r} 7 \\ 8\phantom{0}6 \\ -3\phantom{0}9 \\ \hline 4\phantom{0}7 \end{array}$$

A criança poderá marcar até o oito e colocar sete acima dele, a fim de acompanhar o empréstimo, em vez de ter que se lembrar do processo no decorrer de todo o problema.

## A SUBTRAÇÃO A PARTIR DE UMA PERSPECTIVA DO DESENVOLVIMENTO

A subtração procede, em termos de desenvolvimento, mais ou menos como a adição. Por exemplo, ao calcular 9 – 3, as crianças podem ir da contagem de um conjunto de blocos à contagem de um subconjunto formado pela remoção de vários destes blocos:

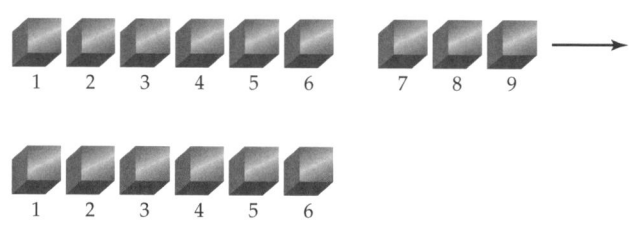

```
□ □ □ □ □ □    □ □ □  →
1 2 3 4 5 6    7 8 9

□ □ □ □ □ □
1 2 3 4 5 6
```

Se estiverem à vontade com noções de cardinalidade, também poderão fazer contagem regressiva

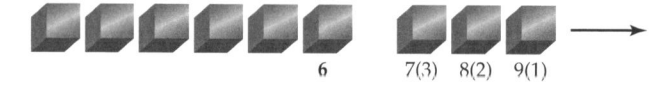

```
□ □ □ □ □ □    □ □ □  →
            6  7(3) 8(2) 9(1)
```

ou contagem progressiva

```
←  □ □ □    □ □ □ □ □ □
   3        4(1) 5(2) 6(3) 7(4) 8(5) 9(6)
```

As crianças enfrentam alguns problemas (FUSON, 2003) com a *contagem regressiva*, porque se começa, na sua essência, com o último objeto contado em vez de – como na *contagem progressiva* – com o próximo objeto consecutivo. Essas táticas aditivas (que são, de certa forma, a base do anteriormente mencionado algoritmo de subtração de *adições*) são frequentemente reforçadas por meio de problemas deste tipo:

$$6 + ? = 14$$

e

Ornix colheu seis maçãs. Quantas ele ainda precisa colher para ter 14?

Nas escolas dos Estados Unidos, as crianças estão consolidando essas experiências e as memorizando no final do 2º e 3º anos. Geralmente, os fatos da subtração com diferença até 5 – por exemplo, 5 – 1 = 5 e 2 – 2 = 0 – são aprendidos antes, seguidos por fatos com diferença até 10 e, depois, 20. Tal como acontece com a adição, as crianças da Ásia Oriental aproveitam o 10. Neste caso, por exemplo, fazem 10 a partir de 8:

$$15 - 8 = (10 - 8) + 5$$
$$= 2 + 5$$
$$= 7$$

A inclusão de problemas de texto complica esse estado de coisas, como ilustra a história a seguir (BARNETT-CLARKE et al., 2003),

Os alunos do 2º ano da professora Santi vinham praticando com famílias de fatos de adição e subtração e trabalhando em habilidades para resolver problemas que envolvem essas duas operações. Quanto ela ficou fora da escola por alguns dias, o professor substituto, seguindo o livro didático adotado, ensinou os alunos a subtrair quando o problema perguntasse: "Quantos mais?". Voltando à escola, a professora Santi decide conferir a compreensão de seus alunos sobre esse tipo de problema e apresenta o seguinte problema:

*Brandon tem 14 pirulitos. Jeffrey tem apenas 6 pirulitos. Quantos pirulitos Brandon tem a mais?*

Os alunos rapidamente começam a trabalhar, usando lápis e papel e uma variedade de materiais manipuláveis para resolver o problema. Enquanto trabalham, a professora caminha pela sala e fala com eles sobre suas estratégias. Para surpresa dela, muitos dos alunos somaram imediatamente os números. Susan, por exemplo, escreveu cuidadosamente

$$\begin{array}{r} \overset{1}{1}4 \\ + \phantom{0}6 \\ \hline 20 \end{array}$$

Somei 6 e 4 e deu 10. Aí, transportei o 1 e deu 20.

Então, Brandon diz: "Também desenhei todos os pirulitos, mas só contei 8. Sei que a resposta é 8". A página dele só mostra uma fileira de seis pirulitos no topo e mais 14 espalhados abaixo. Melissa diz que também tem 8: "Fiz os números com peças coloridas e coloquei uma ao lado da outra, e não contei os que combinam. Contei 8". Alex, olhando as peças na mesa de Melissa, insiste: "Você tem de contar todos eles, porque tem mais de 8". Neste momento, a maioria da turma começa a discutir se conta todos os pirulitos ou apenas alguns deles. Então, Hector grita entusiasmado: "Sei como mostrar! Fiz isso com cubos de montar, e sei que é 8, porque você coloca os de Brandon e os de Jeffrey lado a lado e só conta os extras!", Hector levanta o gráfico de cubos de montar para que a turma veja.

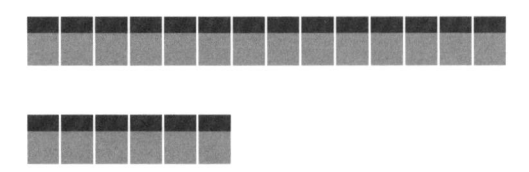

Uma compreensão imediata varre a sala e vários alunos repetem: "É só contar os extras."

Tentando ajudar os alunos a fazerem uma conexão com problemas anteriores de subtração em livros didáticos, a professora Santi pergunta se eles achavam que a subtração poderia resolver o problema dos pirulitos. Ninguém responde. Ela, então, pergunta sobre os problemas de subtração em livros didáticos que eles tinham conseguido resolver na semana anterior. Heath diz: "O professor substituto disse que deveríamos subtrair naqueles problemas". Os outros alunos concordam rapidamente. A professora Santi escreve

$$\begin{array}{r} 14 \\ -\phantom{0}6 \\ \hline 8 \end{array}$$

no quadro e pergunta aos alunos como isso difere da solução de Hector dos cubos de montar. Alex diz: "Os números são os mesmos, mas você tem um sinal a menos." Há um silêncio, e Brandon levanta a mão: "Quando você tira, não está associando o seis com o seis do 14? Aí o oito é apenas os extras".

É importante ter em mente que essas crianças não têm necessariamente dificuldades com subtração; no entanto, pode ser que tanto a formulação do problema de texto (por exemplo, "Quantos mais ...?") quanto os próprios materiais manipuláveis introduzem algumas ambiguidades. Assim, suponhamos que, para simular a operação de subtração, eu coloque os materiais sobre a mesa no formato tradicional de coluna,

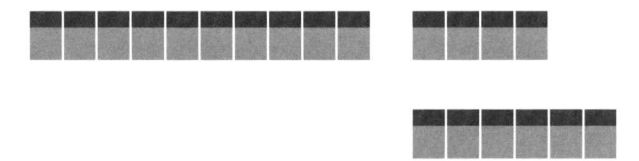

e lhes peça para demonstrar a subtração usando o algoritmo de subtração. No momento, você tem 20 itens sobre a mesa, e não importa a forma como tire 6, ainda terá 14. O que você pode fazer, se for um aluno atento do 2º ano, é combinar o 6 no subtraendo com um 6 no minuendo e, como Hector, contar os extras.

### PROBLEMA 4.3

Use o método de Hector e explique seu raciocínio para calcular o seguinte:

  a. 12 – 5
  b. 15 – 6
  c. 17 – 8
  d. 13 – 7

## ALGORITMOS DE SUBTRAÇÃO DE NÚMEROS INTEIROS

Um professor que observe os alunos de 2º ano da professora Santi pode ter uma série de perguntas: Por que essas crianças simplesmente não subtraíram, se realmente sabiam como fazê-lo? Por que a professora simplesmente não resolveu a situação, dizendo: "Quando se diz 'Quantas mais?', você apenas subtrai"?

Qual a eficiência destes e de outros algoritmos *alternativos* em comparação com o algoritmo convencional de subtração de costume? A fim de compreender mais a respeito destas e de outras questões, precisamos nos aprofundar um pouco mais no algoritmo convencional de subtração. Vou começar com a notação tradicional de base 10 e, em seguida, para destacar a estrutura da matemática, mostrar como estender esses resultados a outras bases.

## Base 10

Vou considerar aqui o algoritmo convencional de subtração (ou algoritmo de decomposição) e dois algoritmos "alternativos":[5] o algoritmo de subtração de *adições iguais* e o que vou chamar de algoritmo de subtração *da esquerda para a direita*.

### Algoritmo de decomposição

Considere o seguinte cálculo:

$$\begin{array}{r} 1245 \\ -\ 789 \\ \hline 456 \end{array}$$

Se eu fizesse essa subtração usando o algoritmo convencional de subtração, poderia explicar a minha resposta observando que começo à direita. Como não posso subtrair 9 de 5 (o que não é verdade, a propósito), peço emprestado 1 do 4 (na verdade, 10 do 40), fazendo do 5, um 15 – observe que isso contraria a regra de valor posicional, já que tenho agora 15 unidades na posição das unidades – e subtraio 9 de 15, obtendo uma diferença de 6, e escrevo isso na coluna apropriada. Agora, indo para a próxima coluna à esquerda, observo que não posso subtrair 8 do 3 restante (na verdade, 80 do 30); portanto, tomo emprestado um 1 do 2 (na verdade, um 100 do 200), tornando o 3 um 13 (na verdade, 130), subtraio 8 de 13, com uma diferença de 5 (na verdade, 50), e escrevo isso na coluna apropriada. Passando para a próxima coluna à esquerda, observo que não posso subtrair 7 do 1 restante (na verdade, 700 de 100), e tomo emprestado 1 do 1 (na verdade, um 1000 de 1000), tornando o 1 um 11 (na verdade, 1100), subtraio 7 de 11, com uma diferença de 4 (na verdade, 400), e escrevo isso na coluna apropriada. O resultado final pode parecer mais ou menos assim, se eu usar as marcações usuais:

$$\begin{array}{r} 0\ 1\ 3 \\ \cancel{1}^1\cancel{2}^1\cancel{4}^15 \\ -\ \ \ 7\ 8\ 9 \\ \hline 4\ 5\ 6 \end{array}$$

Assim como o algoritmo de adição, o algoritmo convencional de subtração é bastante eficiente.

A questão que nos interessa é: "Por que funciona?". Examinemos.[6] Escrevendo-se o minuendo e o subtraendo em termos de potências de 10, temos, respectivamente,

$$1245 = 1 \cdot 1000 + 2 \cdot 100 + 4 \cdot 10 + 5 \cdot 1$$
$$789 = 7 \cdot 100 + 8 \cdot 10 + 9 \cdot 1$$

Subtraindo, temos

$$1245 - 789 = 1 \cdot 1000 + 2 \cdot 100 + 4 \cdot 10 + 5 \cdot 1 - (7 \cdot 100 + 8 \cdot 10 + 9 \cdot 1)$$

e reorganizando essa diferença para que se pareça com o que está acontecendo no algoritmo convencional de subtração, temos

$$1245 - 78 = 1 \cdot 1000 + (2 \cdot 100 - 7 \cdot 100) + (4 \cdot 10 - 8 \cdot 10) + (5 \cdot 1 - 9 \cdot 1)$$

Este é o ponto no cálculo onde normalmente se começam a invocar *empréstimos*. Ou seja, não posso tirar 9 de 5, então *tomo emprestado* um 1 do 4 em 1245. No entanto, o que realmente faço é decompor

$$4 \cdot 10 = 3 \cdot 10 + 1 \cdot 10$$

de modo que

$$\begin{aligned}
1245 - 789 &= 1 \cdot 1000 + (2 \cdot 100 - 7 \cdot 100) + (3 \cdot 10 + 10 - 8 \cdot 10) + (5 \cdot 1 - 9 \cdot 1) \\
&= 1 \cdot 1000 + (2 \cdot 100 - 7 \cdot 100) + (3 \cdot 10 - 8 \cdot 10) + ((10 \cdot 1 + 5 \cdot 1) - 9 \cdot 1) \\
&= 1 \cdot 1000 + (2 \cdot 100 - 7 \cdot 100) + (3 \cdot 10 - 8 \cdot 10) + (\underline{15} \cdot 1 - 9 \cdot 1) \\
&= 1 \cdot 1000 + (2 \cdot 100 - 7 \cdot 100) + (3 \cdot 10 - 8 \cdot 10) + 6 \cdot 1
\end{aligned}$$

Decompondo o $2 \cdot 100$ da mesma maneira, temos

$$\begin{aligned}
1245 - 789 &= 1 \cdot 1000 + (1 \cdot 100 + 1 \cdot 100 - 7 \cdot 100) + (3 \cdot 10 - 8 \cdot 10) + 6 \cdot 1 \\
&= 1 \cdot 1000 + (1 \cdot 100 - 7 \cdot 100) + (1 \cdot 100 + 3 \cdot 10 - 8 \cdot 10) + 6 \cdot 1 \\
&= 1 \cdot 1000 + (1 \cdot 100 - 7 \cdot 100) + (10 \cdot 10 + 3 \cdot 10 - 8 \cdot 10) + 6 \cdot 1
\end{aligned}$$

e usando a propriedade distributiva, temos

$$\begin{aligned}
1245 - 789 &= 1 \cdot 1000 + (1 \cdot 100 - 7 \cdot 100) + ((10 + 3) \cdot 10 - 8 \cdot 10) + 6 \cdot 1 \\
&= 1 \cdot 1000 + (1 \cdot 100 - 7 \cdot 100) + (\underline{13} \cdot 10 - 8 \cdot 10) + 6 \cdot 1 \\
&= 1 \cdot 1000 + (1 \cdot 100 - 7 \cdot 100) + 5 \cdot 10 + 6 \cdot 1
\end{aligned}$$

Por fim,

$$\begin{aligned}
1245 - 789 &= 1 \cdot 1000 + (1 \cdot 100 - 7 \cdot 100) + 5 \cdot 10 + 6 \cdot 1 \\
&= \underline{0} \cdot 1000 + (10 \cdot 100 + 1 \cdot 100 - 7 \cdot 100) + 5 \cdot 10 + 6 \cdot 1
\end{aligned}$$

e, mais uma vez, usando a propriedade distributiva, temos

$$\begin{aligned}
1245 - 789 &= ((10 + 1) \cdot 100 - 7 \cdot 100) + 5 \cdot 10 + 6 \cdot 1 \\
&= \underline{11} \cdot 100 - 7 \cdot 100 + 5 \cdot 10 + 6 \cdot 1 \\
&= 4 \cdot 100 + 5 \cdot 10 + 6 \cdot 1 \\
&= 456
\end{aligned}$$

### Algoritmo de subtração da igualdade de adições*

Vamos dar uma olhada no algoritmo de igualdade de adições. Empregando as marcas, o resultado final pode ser o seguinte:

$$\begin{array}{r} 1^1\,2^1\,4^1\,5 \\ -\ \ 7^8\,8^9\,9 \\ \hline 4\ \ 5\ \ 6 \end{array}$$

Poderia explicar a minha resposta observando que começo à direita. Não posso subtrair 9 de 5, então, somo 10 ao 5, tornando o 5 um 15 – no minuendo – e subtraindo 9 de 15, com uma diferença de 6, e escrevo 6 na coluna apropriada, e adiciono 10 ao 80 do subtraendo, para obter uma soma de 90. Agora, indo à próxima coluna à esquerda, noto que não posso subtrair 9 do 4 (na verdade, 90 do 40), então, somo 10 (na verdade, 100) ao 4 no minuendo, tornando-o 14, subtraio 9 de 14, com uma diferença de 5 (na verdade, 50), e escrevo isso na coluna apropriada. Indo à próxima coluna à esquerda, adiciono 100 ao 700 do subtraendo, tornando-o 800. Observo que não posso subtrair 8 de 2 (na verdade, 800 de 200), então adiciono 10 ao 2 (na verdade 1000 a 200), tornando-o 12, subtraio 8 de 12, com uma diferença de 4 (na verdade, 400), e escrevo isso na coluna apropriada. A seguir, passo para a próxima coluna, adiciono 1000 ao subtraendo e subtraio os dois 1s.

Por que funciona? Escrevendo o minuendo e o subtraendo em termos de potências de 10, temos, respectivamente,

$$1245 = 1 \cdot 1000 + 2 \cdot 100 + 4 \cdot 10 + 5 \cdot 1$$
$$789 = 7 \cdot 100 + 8 \cdot 10 + 9 \cdot 1$$

Subtraindo, temos

$$1245 - 789 = 1 \cdot 1000 + 2 \cdot 100 + 4 \cdot 10 + 5 \cdot 1 - (7 \cdot 100 + 8 \cdot 10 + 9 \cdot 1)$$
$$= 1 \cdot 1000 + (2 \cdot 100 - 7 \cdot 100) + (4 \cdot 10 - 8 \cdot 10) + (5 \cdot 1 - 9 \cdot 1)$$

Reorganizando essa diferença para que se pareça com o que está acontecendo no algoritmo de subtração de igualdade de adições, temos[7]

$$\begin{aligned}1245 - 789 = &\ 1 \cdot 1000 \underline{-1 \cdot 1000 + 1 \cdot 1000} + 2 \cdot 100 - 7 \cdot 100 \\ &\underline{-1 \cdot 100 + 1 \cdot 100} + 4 \cdot 10 - 8 \cdot 10 \underline{-1 \cdot 10 + 1 \cdot 10} \\ &+ 5 \cdot 1 - 9 \cdot 1 \\ = &\ 1 \cdot 1000 - 1 \cdot 1000 + (1 \cdot 1000 + 2 \cdot 100) - (7 \cdot 100 + \\ &\ 1 \cdot 100) + (1 \cdot 100 + 4 \cdot 10) - (8 \cdot 10 + 1 \cdot 10) + \\ &\ (1 \cdot 10 + 5 \cdot 1) - 9 \cdot 1\end{aligned}$$

Usando a propriedade distributiva, temos

$$1245 - 789 = (12 - 8) \cdot 100 + (14 - 9) \cdot 10 + (15 - 9) \cdot 1$$
$$= 456$$

### Algoritmo de subtração da esquerda para a direita

Ambos os algoritmos de subtração que discutimos se realizam da direita para a esquerda. Há, no entanto, um algoritmo de subtração que vai da esquerda para a direita. Considere

---

* N. de R.T.: Esse algoritmo também é conhecido como algoritmo das compensações.

|  | 1245 |  |
|---|---|---|
|  | − 789 |  |
| Passo 1: | 5<br>~~1245~~<br>− ~~789~~ | ou seja, 1200 − 700 = 500 |
| Passo 2: | 4<br>56<br>~~1245~~<br>− ~~789~~ | ou seja, 540 − 80 = 460 |
| Passo 3: | 45<br>566<br>~~1245~~<br>− ~~789~~ | ou seja, 65 − 9 = 56 |

Embora este algoritmo possa ser encontrado como componente do algoritmo de divisão "galé" (que será discutido no Capítulo 6), desconheço qualquer evidência histórica de que este algoritmo tenha sido usado alguma vez fora desse contexto.

### PROBLEMA 4.4
Use subtração da esquerda para a direita e o algoritmo convencional de subtração para calcular (a) 345-232; (b) 345-187. Qual é mais rápido e por quê?

## Base 6

Digamos que tenham me pedido para subtrair $45_6$ de $123_6$. Se fosse usar o algoritmo convencional de subtração, o cálculo resultante poderia assumir a forma de

$$\begin{array}{r} 0\ 1\phantom{0} \\ \cancel{1}^1\ \cancel{2}^1\ 3_6 \\ -\ \ \ 4\ 5_6 \\ \hline 3\ 4_6 \end{array}$$

Explicaria o meu raciocínio, de forma bem semelhante à base 10, observando que começo na direita. Como não posso subtrair 5 de 3, tomo um 1 emprestado do 2 (na verdade, um 6 de $20_6$), tornando o 3 um $13_6$ (que é 9 na base 10), subtraio 5 de $13_6$, com uma diferença de 4, e escrevo 4 na coluna apropriada.

Agora, movendo à próxima coluna à esquerda, observo que não posso subtrair o 4 do 1 restante (na verdade, o $40_6$ do $10_6$), de modo que tomo emprestado um 1 do 1 (na verdade, um $100_6$ do $100_6$), tornando o 1 um $11_6$, subtraio 4 de $11_6$ (na verdade, 7 na base 10), com uma diferença de 3, e escrevo isso na coluna apropriada.

Assim, o algoritmo convencional de subtração na base 6 parece semelhante, em termos estruturais, na base 10. Isso não é tão surpreendente, porque o algoritmo funciona, além da forma como se escreve um número, exatamente da mesma maneira em qualquer base. Se escrevo o minuendo e subtraendo, respectivamente, em termos de potências de 6, temos

$$123_6 = 1 \cdot 36 + 2 \cdot 6 + 3 \cdot 1$$
$$45_6 = 4 \cdot 6 + 5 \cdot 1$$

Subtraindo, temos

$$123_6 - 45_6 = 1 \cdot 36 + 2 \cdot 6 + 3 \cdot 1 - (4 \cdot 6 + 5 \cdot 1)$$
$$= 1 \cdot 36 + (2 \cdot 6 - 4 \cdot 6) + (3 \cdot 1 - 5 \cdot 1)$$

Reorganizando essa diferença para que se pareça com o que está acontecendo no algoritmo convencional de subtração, temos

$$123_6 - 45_6 = 0 \cdot 36 + (6 \cdot 6 + 1 \cdot 6 - 4 \cdot 6) + (1 \cdot 6 + 3 \cdot 1 - 5 \cdot 1)$$
$$= ((6 + 1) \cdot 6 - 4 \cdot 6) + ((6 + 3) \cdot 1 - 5 \cdot 1)$$

Usando a propriedade distributiva, temos

$$123_6 - 45_6 = (7 - 4) \cdot 6 + (9 - 5) \cdot 1$$
$$= 34_6$$

**PROBLEMA 4.5**

Subtraia (a) $754_8 - 322_8$; (b) $732_8 - 357_8$.

## NÚMEROS NEGATIVOS

Uma das primeiras referências a números negativos é encontrada na China, por volta de 100 a. C. Neste caso, em *Os nove capítulos sobre a arte matemática* (Jiuzhang Suanshu), os números negativos são usados para resolver sistemas de equações simultâneas. Neste trabalho, as hastes vermelhas denotam coeficientes positivos e as hastes pretas, os negativos. São fornecidas regras para números com sinal.

Por volta do século III, o matemático grego Diofanto menciona esses números em seu *Arithmetica*. Ele observa que, em essência, a equação

$$4x + 20 = 0$$

é um absurdo, porque daria a solução $x = -5$. Por volta do século VII, encontramos regras para o uso de números negativos no trabalho do matemático e astrônomo indiano Brahmagupta.

Também encontramos números negativos sendo usados para representar as dívidas, e os positivos para representar os ativos. No entanto, mesmo no século XII, o matemático indiano Bhakasara, embora apresentasse raízes negativas para equações do tipo

$$x^2 + x - 20 = 0$$

escreve que o valor negativo, "neste caso, não deve ser calculado, pois é inadequado; as pessoas não aprovam raízes negativas". Essa relutância persistiu, ao que parece, até o século XVIII.

Mesmo que algumas crianças nas regiões do norte enxerguem números negativos no termômetro, uma das primeiras representações que muitas crianças veem está na linha de números à esquerda do zero. As crianças tendem a generalizar suas habilidades de contagem para acomodar os números negativos, mas a adição e a subtração de tais números apresentam dificuldades. Entre as mais coerentes dessas acomodações para procedimentos de adição de números com sinal (isto é, inteiros), está a adição de vetores na linha de números. Ou seja, a parcela mais à esquerda é representada como um ponto na linha de números, e a parcela à direita é tratada como um deslocamento de acordo com o seu sinal. Aqui estão dois exemplos:

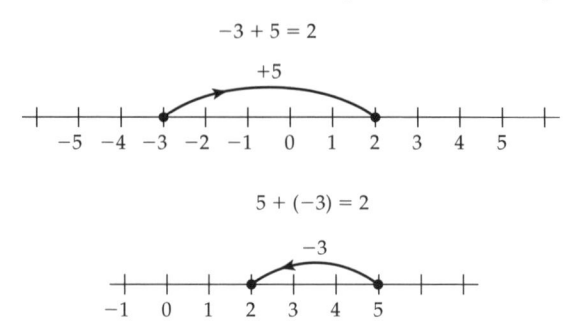

$$-3 + 5 = 2$$

$$5 + (-3) = 2$$

A subtração também pode ser modelada por diferenças de vetor na linha dos números. Isto é, o minuendo e o subtraendo são representados como pontos sobre a linha de números, e o deslocamento é calculado a partir do subtraendo ao minuendo e recebe o sinal da sua direção. Assim

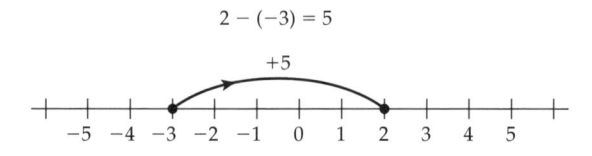

$$2 - (-3) = 5$$

e

$$2 - 5$$

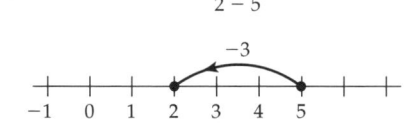

Curiosamente, a fonte das dificuldades que alguns alunos têm com números negativos é inerentemente matemática. Ou seja, adicionamos um grupo de novos números aos nossos números naturais e zero, e queremos que todo o conjunto de números – que chamamos de *inteiros* – tenha muitos dos atributos dos números naturais.

Examinemos tudo isso mais profundamente. Como já observei, números inteiros negativos surgem essencialmente quando tentamos resolver uma equação do tipo

$$? + 5 = 4$$

ou, escrevendo isso simbolicamente, defino o inteiro negativo $x$ como uma solução da equação

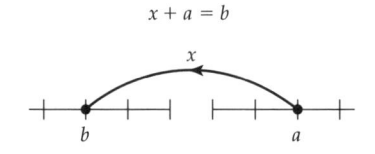

$$x + a = b$$

onde $a$ e $b$ são números inteiros positivos, de forma que $a > b$. Em particular, os inteiros negativos serão as soluções da equação

$$x + b = 0 \quad (b > 0) \tag{A}$$

Por exemplo, $-1$ será uma solução da equação

$$x + 1 = 0$$

Números positivos serão as soluções da equação

$$x = b \quad (b \geq 0) \tag{B}$$

Assim, por exemplo $+1$ será uma solução da equação

$$x = 1$$

Dada essa definição de *inteiro negativo*, posso usar o que sei sobre os números naturais, N, para calcular com números inteiros negativos. As regras para os números negativos simplesmente surgem de definição (A) e das regras normais para a manipulação de números positivos e variáveis.[8]

## Somas

Deixe-me demonstrar isso. Vou somar 5 positivo e 5 negativo. Sei que a resposta é zero, mas por quê? Escrevo

$$x = 5 \quad \text{(ou seja, } x = 5\text{)}$$
$$y + 5 = 0 \quad \text{(ou seja, } y = -5\text{)}$$

Assim, se eu quiser saber qual é a soma de 5 e $-5$, preciso somar $x$ e $y$. Quando fizer isso, terei

$$(x + y) + 5 = 5$$

Subtraindo 5 de ambos os lados, tenho

$$(x + y) = 0$$

Assim, a soma $x + y$, isto é, $5 + (-5)$, tem de ser igual a zero.

E que dizer da soma de 5 positivo e 7 negativo? Sei que a resposta é 2, mas vamos ver por quê. Como antes, escrevo

$$x = 7 \quad \text{(ou seja, } x = 7\text{)}$$
$$y + 5 = 0 \quad \text{(ou seja, } y = -5\text{)}$$

A soma, $x + y$, é

$$(x + y) + 5 = 7$$

Subtraindo 5 de ambos os lados, temos

$$(x + y) = 2$$

Assim, a soma $x + y$, isto é, $7 + (-5)$, deve ser 2.

Por outro lado, observe que a soma de 7 negativo e 5 positivo (isto é, $-2$) é dada por

$$(x + y) + 7 = 5$$

Subtraindo 5 de ambos os lados, temos
$$(x + y) + 2 = 0$$
Assim, a soma $x + y$, isto é, $7 + (-5)$ deve ser de $-2$.

## PROBLEMA 4.6

Usando a linha de números ou a definição algébrica de negativo, calcule (a) $-25 + 32$; (b) $-56 + 25$; (c) $45 + (-22)$. Explique seu raciocínio.

## Diferenças

A subtração é um pouco semelhante. Vou subtrair 5 negativo de 5 positivo (que sei que dá 10). Seja

$$x = 5 \quad \text{(isto é, } x = 5\text{)}$$
$$y + 5 = 0 \quad \text{(isto é, } y = -5\text{)}$$

Então, a diferença é determinada por
$$x - (y + 5) = 5 - 0$$
ou
$$(x - y) - 5 = 5$$
A adição de 5 a ambos os lados dá
$$(x - y) = 10$$
Assim, a diferença $x - y$ é 10. Da mesma forma, subtraindo 5 positivo de 5 negativo (que sei que é $-10$), temos
$$y + 5 - x = 0 - 5$$
e a adição de 5 a ambos os lados resulta em
$$(y - x) + 10 = 0$$
Assim, a diferença $y - x$ é $-10$.

## PROBLEMA 4.7

Usando a linha de números ou a definição algébrica de negativo, calcule (a) $-25 - 32$; (b) $56 - 25$; (c) $45 - (-22)$. Explique seu raciocínio.

## Multiplicação

E a multiplicação? Por que, de fato, um *menos* multiplicado por um *menos* é igual a um *mais*? Vamos dar uma olhada em 7 positivo vezes 5 negativo. Sei que

$7 \times 4 = 28$
$7 \times 3 = 21$
$7 \times 2 = 14$
$7 \times 1 = \phantom{0}7$
$7 \times 0 = \phantom{0}0$

Isto é, o lado direito desses cálculos diminui em 7, quando o multiplicador diminui em 1. Para que esse padrão continue, esperaria que

$7 \times -1 = -7$
$7 \times -2 = -14$
$7 \times -3 = -21$
$7 \times -4 = -28$
$7 \times -5 = -35$

Isto é, a estrutura dos inteiros positivos parece exigir que 7 vezes 5 negativo seja 35 negativo.

Para mostrar que é realmente esse o caso, uso minha definição de número negativo. Tenho

$$x = 7 \qquad \text{(isto é, } x = 7\text{)}$$
$$y + 5 = 0 \qquad \text{(isto é, } y = -5\text{)}$$

Multiplicando, temos

$$x(y+5) = 7 \cdot 0$$

ou

$$xy + 5x = 0$$

Somando 35 – 35 (isto é, 0) ao lado esquerdo, temos

$$xy + 35 - 35 + 5x = 0$$

e fatorando o 5, temos

$$xy + 35 + 5(x - 7) = 0$$

Mas $x = 7$, então

$$xy + 35 = 0$$

Assim, o produto $xy$, isto é, $-7 \cdot 5$, é $-35$.

O resultado de um menos multiplicado por um menos é um pouco semelhante. Vejamos 7 negativo vezes 5 negativo. Isto é,

$$x + 7 = 0 \qquad \text{(ou seja, } x = -7\text{)}$$
$$y + 5 = 0 \qquad \text{(ou seja, } y = -7\text{)}$$

Multiplicando, temos

$$(x+7)(y+5) = 0$$

ou

$$xy + 5x + 7y + 35 = 0$$

Se somarmos 35 a ambos os lados, obtemos

$$xy + 5x + 7y + 35 + 35 = 35$$

ou

$$xy + 5(x+7) + 7(y+5) = 35$$

Contudo,
$$x + 7 = 0$$
$$y + 5 = 0$$
logo,
$$xy = 35$$

Assim, o produto de $xy$, isto é, $-7 \cdot -5$, é 35.

Uma demonstração numérica disso (supondo-se que se aceite que o produto de um inteiro negativo vezes um inteiro positivo seja negativo) é o seguinte. Observe que

$3 \cdot -5 = -15$  $\quad\quad 2 \cdot -5 = -10$  $\quad\quad 1 \cdot -5 = -5$  $\quad\quad 0 \cdot -5 = 0$

Isto é, o produto aumenta em 5 cada vez que o multiplicador diminui em 1. Donde, posso conjecturar que

$-1 \cdot -5 = 5$  $\quad\quad -2 \cdot -5 = 10$  $\quad\quad -3 \cdot -5 = 15$  $\quad\quad -4 \cdot -5 = 20$
$-5 \cdot -5 = 25$  $\quad\quad -6 \cdot -5 = 30$  $\quad\quad -7 \cdot -5 = 35$

### PROBLEMA 4.8
Demonstre ou prove que (a) $8 \cdot (-9) = -72$; (b) $(-5) \cdot (-6) = 30$.

## INVESTIGAÇÕES

1. Três homens vão ficar em um hotel e o gerente cobra R$30,00 por um quarto. Eles dividem o custo, pagando R$10,00 cada. Mais tarde, o gerente diz ao mensageiro que cobrou demais dos homens e que o custo real deveria ter sido de R$25,00. O gerente dá R$5,00 ao mensageiro para que ele dê aos homens.

    O mensageiro, no entanto, decide enganar os homens e embolsar R$2,00, dando a cada um deles apenas R$1,00. Agora, cada homem pagou R$9,00 para ficar no quarto, e 3 ×R$9,00 = R$27,00. O mensageiro embolsou R$2,00. R$27,00 + R$2,00 = R$29,00. Então, onde está o R$1,00 que falta?

2. (a) Afirmo que você pode subtrair qualquer número de três algarismos de 1000, subtraindo os algarismos das centenas e das dezenas de nove, e os algarismos das unidades, de 10. Prove que estou correto.
    (b) Afirmo que, se você pegar qualquer número de dois algarismos, somar os algarismos, subtrair essa soma do número original, e somar os algarismos do resultado, sempre terá 9. Prove que estou correto.

3. Há uma forma de reescrever números de modo que os inteiros negativos e positivos sejam escritos com algarismos positivos. Por exemplo, podemos escrever números na base $-10$. Os algarismos são 0, 1, 2, 3, 4, 5, 6, 7, 8 e 9. No entanto, usamos uma expansão de $-10$. Por exemplo, $10_{10}$ seria escrito $190_{-10}$:

$$190_{-10} = 1 \cdot (-10)^2 + 9 \cdot (-10)^1 + 0 \cdot (-10)^0$$
$$= 100 - 90$$
$$= 10_{10}$$

e $-10_{10}$ seria escrito $10_{-10}$:
$$10_{-10} = 1 \cdot (-10)^1 + 0 \cdot (-10)^0$$
$$= -10_{10}$$

(a) Converta $125_{10}$ para a base $-10$. (b) Converta $-125_{10}$ para a base $-10$. (c) Elabore um método para converter qualquer número de base 10 em um número de base $-10$. [*Dica*: Para um inteiro positivo $n$, você pode (re)pensar o que Taya está fazendo no Capítulo 2. Ela fica com 11 grupos de 10 e dois gravetos soltos. Agora, em uma expansão de $-10$, um algarismo (por exemplo, 7) na posição dos $-10$s contribui com (por exemplo) $-70$. Assim, aquele grupo de 10 está nos dando problemas. No entanto, $10 = 100 - 90$, assim $112 = 200 - 90 + 2$. Portanto, $112_{10}$ pode ser escrito como $292_{-10}$. Para um inteiro negativo $n$, você pode pensar sobre o que acontece com a expansão de base $-10$ de $n \cdot (-10)$ quando divide por $-10$).]

4. Um cubo mágico de 3 x 3 é uma configuração como a seguinte:

| 4 | 1 | 7 |
|---|---|---|
| 7 | 4 | 1 |
| 1 | 7 | 4 |

onde a soma de cada coluna horizontal, a soma de cada coluna vertical e a soma de cada diagonal são todas iguais.

Jodian gosta muito de cubos mágicos. Ela decide fazer todos os quadrados $3 \times 3$ que conseguir usando $-2, 4, 10$ ao longo da diagonal principal (ou seja, a diagonal da esquerda para a direita, de cima para baixo). (a) Quantos ela consegue fazer? (b) Justifique sua resposta. [*Dica*: A soma comum de um cubo mágico é sempre três vezes o termo central. Por exemplo, no cubo mágico mostrado aqui, a soma é $3 \cdot 4 = 12$.]

## NOTAS

1. O número 70, por exemplo, está representado por ⊥.
2. Assim como no caso da adição, as marcações para indicar a adição de dezenas (aquele 10 + 4) não eram comuns porque esse tipo de cálculo era feito mentalmente.
3. Muito do que se segue é tirado de ROSS, S.; PRATT-COTTER, M. Subtraction in the United States: a historical perspective. *The Mathematics Educator*, v. 8, n. 1, p. 4-11, 1997.
4. Os critérios sendo velocidade e precisão do cálculo.
5. Lembre-se de que, para que um algoritmo seja alternativo ou não, depende da perspectiva. O que conhecemos hoje como algoritmo convencional já foi um algoritmo alternativo (e ainda o é, em algumas partes do mundo).
6. Para que você possa observar como as diversas marcas surgem da matemática, sublinhei sua ocorrência.
7. Observe que os sublinhados denotam um *empréstimo* e uma *devolução*. Isto é, essencialmente, estou adicionando 0.
8. Essas regras estão pressupostas no esboço seguinte do cálculo com números negativos. Para mais detalhes, consulte o Apêndice.

## REFERÊNCIAS

BARNETT-CLARKE, C. et al. *Number sense and operations in the primary grades*. Portsmouth: Heinemann, 2003.

FUSON, K. C. Developing mathematical power in whole number operations. In: KILPATRICK, J.; MARTIN, W. G.; SCHIFTER, D. (Ed.). *A research companion to NCTM's standards*. Reston: NCTM, 2003.

ROSS, S.; PRATT-COTTER, M. Subtraction in the United States: a historical perspective. *The Mathematics Educator*, v. 8, n. 1, p. 4-11, 1997.

SLEIGHT, E. R. Early English arithmetics. *National Mathematics Magazine*, v. 16, p. 198-215, 1942.

YAN, L.; SHÍRÀN, D. *Chinese mathematics*: a concise history. Oxford: Clarendon Press, 1987.

YONG, L. L.; TIAN SE, A. *Fleeting footsteps*: tracing the conception of arithmetic and algebra in ancient China. Singapore: World Scientific, 1992.

# CAPÍTULO 5

## Múltiplos

Este capítulo trata da arte de fazer múltiplos, ou seja, encontrar soluções para problemas do tipo

$$5 \cdot 6 = ?$$

Examinaremos inicialmente esta arte em termos de sua história e desenvolvimento e, em seguida, daremos uma olhada no algoritmo convencional de multiplicação, usando como exemplo

$$\begin{array}{r} \overset{3\,1}{142} \\ \times\ 28 \\ \hline 1136 \\ 2840 \\ \hline 3976 \end{array}$$

Isto será seguido por uma discussão sobre números primos – para os nossos propósitos, inteiros positivos maiores do que 1 que têm apenas a si próprio e 1 como fatores – e algumas consequências do Teorema Fundamental da Aritmética. Ou seja, cada número composto – para os nossos propósitos, um número inteiro positivo que tem fatores inteiros além de si próprio e 1 – pode ser fatorado exclusivamente em fatores primos.

## A MULTIPLICAÇÃO A PARTIR DE UMA PERSPECTIVA HISTÓRICA

No sentido matemático, multiplicação é adição repetida, de forma que a noção provavelmente apareceu muito cedo na história humana. No entanto, foi só em cerca de 1650 a. C. que os métodos de multiplicação começaram a aparecer no registro histórico. Naquele momento – como demonstrado nos problemas do papiro de Rhind – os egípcios estavam usando um método de multiplicação que exigia apenas dobrar números sucessivos e, em seguida, somar os múltiplos apropriados. Uma vez que se podia "dobrar" um número escrito em hieróglifos simplesmente reescrevendo cada símbolo do número original (e substituindo a unidade superior seguinte quando fosse necessário), a multiplicação dependia apenas de se conseguir somar. Por exemplo,

$$1 \times 142 = 142$$
$$2 \times 142 = 284$$
$$*4 \times 142 = 568$$
$$*8 \times 142 = 1136$$
$$*16 \times 142 = 2272$$
$$16 + 8 + 4 = 28, \text{ logo } 28 \cdot 142 = 2272 + 1136 + 568 = 3976$$

Uma variação desse método pode ser encontrada na Idade Média, onde ele aparece na operação de *duplicação e mediação* (ou dobrar e reduzir para metade); às vezes, é chamado de multiplicação russa, em função de seu uso entre os camponeses russos. Nesse método, dobra-se o multiplicando e se reduz o multiplicador à metade. Quando essa redução à metade resulta em uma fração, o multiplicador é arredondado para o número inteiro mais próximo, e esse passo está marcado com um asterisco. Os multiplicandos em passos marcados com asteriscos são somados para produzir o produto

$$142 \times 28$$
$$284 \times 14$$
$$568 \times 7*$$
$$1136 \times 3*$$
$$2272 \times 1*$$
$$568 + 1136 + 2272 = 3976$$

O método egípcio é justificado com mais facilidade usando a representação binária dos números (embora, naturalmente, essa terminologia não fosse usada pelos egípcios). Por exemplo, como mostrado no Capítulo 2, 28 pode ser escrito como

$$28 = 1 \cdot 16 + 1 \cdot 8 + 1 \cdot 4 + 0 \cdot 2 + 0 \cdot 1$$

em base 2. Assim

$$\begin{aligned} 28 \times 142 &= (1 \cdot 16 + 1 \cdot 8 + 1 \cdot 4 + 0 \cdot 2 + 0 \cdot 1) \cdot 142 \\ &= 142 \cdot 16 + 142 \cdot 8 + 142 \cdot 4 \\ &= 2272 + 1136 + 568 \\ &= 3976 \end{aligned}$$

como no método egípcio de multiplicação. O método do camponês russo é mais facilmente justificado com um pouco de geometria. Pode-se pensar o produto de 28 e 142 como uma área:

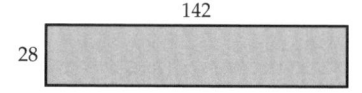

Cortando esse retângulo ao meio, temos

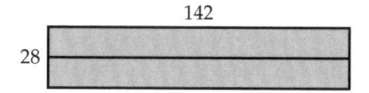

ou, com um pouco de reorganização,

Posso fazer isso de novo e (com a mesma área original), obter

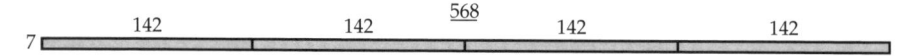

Neste momento, nao posso dobrar e reduzir pela metade. No entanto, posso subdividir o 7, como segue:

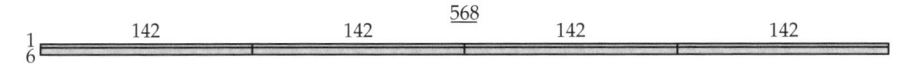

$\frac{1}{6}$ | 142 | 142 | $\frac{568}{}$ | 142 | 142 |

Isso me dá a mesma área que

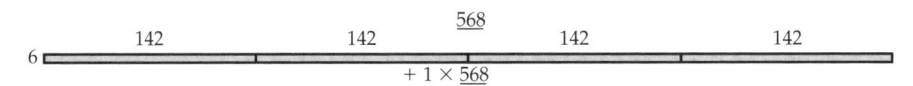

6 | 142 | 142 | $\frac{568}{}$ | 142 | 142 |
$+ 1 \times \underline{568}$

Agora, posso novamente dividir a área remanescente e obter, depois de um pouco de arranjo,

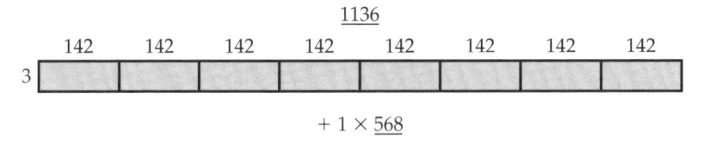

3 | 142 | 142 | 142 | 142 | $\underline{1136}$ 142 | 142 | 142 | 142 |
$+ 1 \times \underline{568}$

Agora, deparo-me com 3 em vez de 7, e assim, preservando a área total como antes, escrevo

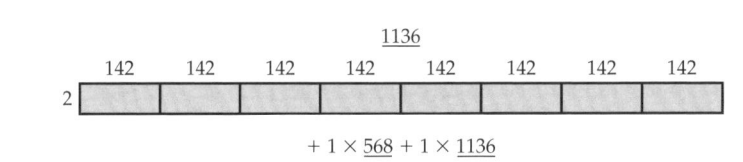

2 | 142 | 142 | 142 | 142 | $\underline{1136}$ 142 | 142 | 142 | 142 |
$+ 1 \times \underline{568} + 1 \times \underline{1136}$

Dividindo esta área, tenho

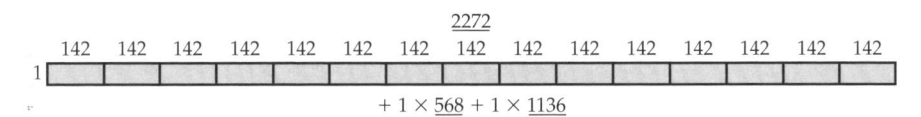

1 | 142 | 142 | 142 | 142 | 142 | 142 | $\underline{2272}$ 142 | 142 | 142 | 142 | 142 | 142 |
$+ 1 \times \underline{568} + 1 \times \underline{1136}$

ou

$$1 \times 2272 + 1 \times 568 + 1 \times 1136 = 3976$$

A multiplicação era feita pelos babilônios (pelo menos já em 2000 a. C.) com referência em tabuadas apropriadas, que provavelmente tinham sido compiladas por adição. Exemplos de multiplicação da forma como faziam os gregos são apresentados por um matemático do século V d. C., Eutocius de Ascalon, em seu comentário sobre *A medição do círculo*, de Arquimedes (DAVIS, 1969, p. 132). Considerando-se (como observamos no Capítulo 2) que os numerais eram expressos em forma alfabética: cada algarismo do multiplicador, começando com o mais alto, era aplicado sucessivamente a cada algarismo do multiplicando, também começando com o mais alto. A etapa final era somar esses valores. Usando algarismos hindu-arábicos, essa multiplicação seria algo parecido com isto:

```
        142
      × 28
      2000
       800
        40    A soma dos três primeiros termos é 2840.
       800
       320
        16    A soma dos três últimos termos é 1136.
      3976
```

Portanto, a forma básica é bastante parecida com a que usamos atualmente, sendo que a principal diferença é que escrevemos os produtos parciais de forma mais compacta.

O sistema hindu-arábico de números, com seu princípio de valor posicional e seu zero, começou a ser conhecido na Europa perto do final do século XIII. Os primeiros calculistas, reconhecendo a sua simplicidade, começaram a trabalhar para criar métodos de multiplicação de números. No entanto, só no final do século XV a aritmética começou a assumir uma forma mais ou menos moderna. Um livro de Nicômaco de Gerasa, chamado *Introductio arithmetica* (cerca de 100 d. C.) apresentou uma tabuada que chegava a 10 × 10, mas não continha regras de multiplicação nem de divisão.

Os italianos, imitando o que fizeram os hindus antes deles, desenvolveram um interesse na elaboração de esquemas para multiplicação e divisão. Luca Pacioli descreve alguns desses métodos na sua obra *Summa de arithmetica, geometrica, proportioni et proportionolitá* (geralmente chamado de a *Süma*), que foi publicada em 1494. Ele enumera oito formas diferentes de multiplicação, algumas delas com nomes extravagantes como *castellucio* ("o método do castelinho") e *graticola* ou *gelosia* ("multiplicação em grade"). Este último foi assim chamado porque sugeria as grades colocadas nas janelas venezianas para proteger os moradores do olhar de um público curioso. Aqui está uma ilustração desse esquema de multiplicação em grade:

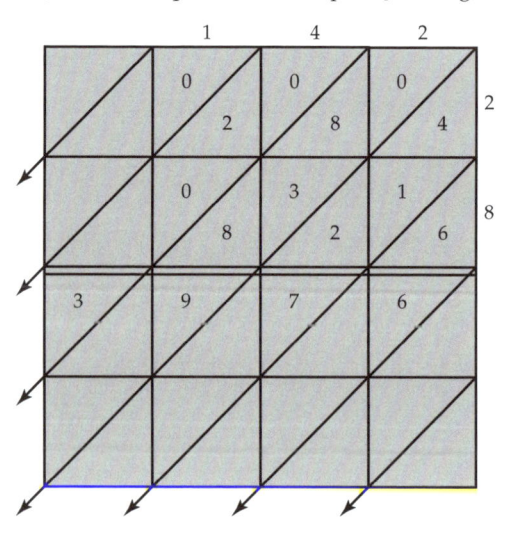

*Fonte:* O autor.

Em 2007, um aluno meu me chamou a atenção para uma forma de multiplicação que era apresentada no YouTube. Até onde posso dizer, a multiplicação do YouTube se dá da seguinte forma: representa-se o multiplicando por meio de uma série de linhas que vão de baixo para cima e o multiplicador, por uma série de linhas da esquerda para a direita. Os lugares diferentes são ajustados por lacunas.

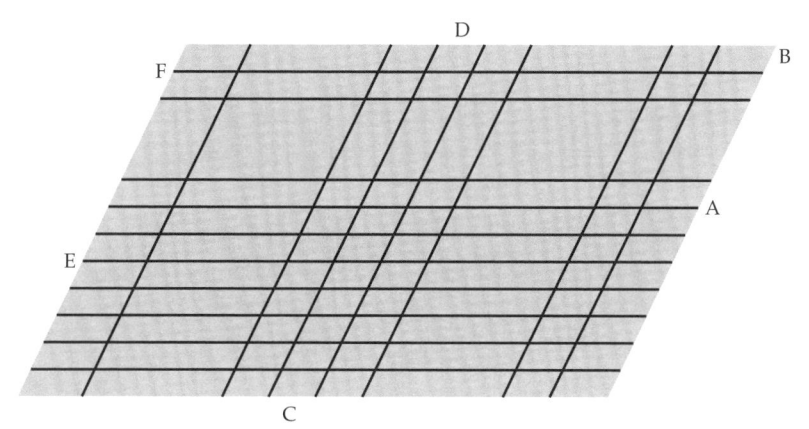

*Fonte:* O autor.

Começando em A, observo que existem 16 intersecções, então, anoto 16. Em B, há quatro intersecções, de modo que somo 16 + 40 = 56. Em C, existem 32 intersecções, então, somo 56 + 320 = 376. Em D, há 8 intersecções, e somo 376 + 800 = 1176. Em E, há oito intersecções, e somo 1176 + 800 = 1976. Em F, há duas intersecções, e somo 1976 + 2000 = 3976.

### PROBLEMA 5.1

Multiplique 154 × 34 usando (a) o método egípcio, o método camponês russo, (b) o método da grade.

## A MULTIPLICAÇÃO A PARTIR DE UMA PERSPECTIVA DO DESENVOLVIMENTO

Nos Estados Unidos, os estudantes aprendem a multiplicar por meio de uma progressão experimental gradual de métodos, semelhante à da adição. As estratégias iniciais são adição repetida e contagem saltada; por exemplo, contando de 4 em 4 dá 4, 8, 12, 16, 20. Muitas vezes, eles contam saltando para cima e para baixo nessas listas, usando seus dedos para acompanhar e encontrar produtos diferentes. Também podem usar um método de combinação em que começam com um produto conhecido e seguem contando por unidades para chegar a um produto desconhecido. Por exemplo, para multiplicar 5 × 6, eles podem pensar, "5 × 5 é 25, e 26, 27, 28, 29, 30 é 5 a mais". Assim, inventam estratégias de raciocínio em que deduzem produtos desconhecidos a partir de produtos que conhecem (FUSON, 2003).

Tal como acontece com a adição e a subtração, muitos dos métodos de cálculo desenvolvidos por alunos não são abordados nos livros didáticos nem no ensino.

Muitos textos e professores ensinam multiplicação como se ela fosse uma memorização, sem problematizar fatos isolados, muitas vezes usando associações mecânicas.

Já vi, por exemplo, métodos mnemônicos verbais, tais como

> Três vezes seis é dezoito, vou comer um biscoito.

Vamos observar mais de perto esses *fatos da multiplicação*, examinando a tabuada que a acompanha. Este é o sistema de base 6 tratado no Capítulo 2, e os algarismos são A, B, C, D, E.[1]

| X | A | B | C | D | E |
|---|---|---|---|---|---|
| A | A | B | C | D | E |
| B | B | D | A– | AB | AD |
| C | C | A– | AC | B– | BC |
| D | D | AB | B– | BD | CB |
| E | E | AD | BC | CB | DA |

*Fonte:* O autor.

Observe a tabela. Não listei os *fatos do zero*, portanto, a tabela contém 25 fatos. Guardar esta tabela requer a memorização de 25 – memorizar a tabuada tradicional de 10 por 10 requer que as crianças memorizem 100 fatos – uma tarefa gigantesca. Mas olhe a tabuada mais de perto, lembrando que a matemática tem uma estrutura, e veja que padrões consegue encontrar. Você deverá ver um padrão para a multiplicação de A que corresponda, em suas propriedades multiplicativas, ao nosso 1.

- Note que a tabuada é simétrica em torno da diagonal da esquerda para a direita. Essa simetria é uma consequência da regra comutativa de multiplicação.
- Os produtos C alternam entre C e, na posição das unidades, a segunda posição à esquerda (vou chamá-la de posição seis) tem dois As, dois Ds, dois Bs e assim por diante, o que corresponde a uma multiplicação por 5 na base 10 e a alternância entre 0 e 5.
- No padrão E, a posição seis aumenta em um e a posição das unidades decresce em um; o total do algarismo seis e do algarismo das unidades é E. Esse valor corresponde à multiplicação por 9s na base 10.

### PROBLEMA 5.2
Descreva o padrão da linha B.

Abordar a aprendizagem da multiplicação como busca de padrões embasa e simplifica a tarefa. De uma maneira fundamental, a matemática *é* o estudo e o uso desses padrões. Observe que não é que a memorização não seja importante – o aluno ainda deverá reconhecer padrões relevantes – mas a compreensão da estrutura de uma tabuada 10 × 10 em base 10 pode abrir possibilidades dentro e fora de uma tabela 10 × 10.[2]

### PROBLEMA 5.3
Crie uma tabela de multiplicação para um sistema de valor posicional em base 7.

Mesmo depois de ter identificado padrões, os alunos ainda precisam de muita experiência para conseguir calcular produtos individuais com rapidez. À medida que os alunos consolidam essas habilidades, há, nas salas de aula dos Estados Unidos, um movimento em direção à multiplicação com fatores de mais de um algarismo. Isto pode demandar algum nível de trabalho gradual (FUSON, 2003, p. 84-85).

1. Modelagem direta com objetos ou desenhos (por unidades e por dezenas e unidades), para
2. Métodos escritos que envolvem a adição repetida (às vezes, por duplicação repetida, um método surpreendentemente eficaz usado historicamente), para
3. Métodos de decomposição[3] a
4. O algoritmo convencional de multiplicação.

Em salas de aula mais tradicionais, muitas vezes há pouca ajuda, e os alunos passam diretamente da memorização da "tabuada" à prática da aplicação do algoritmo convencional de multiplicação.

## ALGORITMOS DE MULTIPLICAÇÃO DE NÚMEROS INTEIROS

Para entender a multiplicação de fatores com mais de um algarismo, é essencial conhecer a multiplicação por 10 e compreender a propriedade distributiva. A propriedade distributiva diz que

$$a(b + c) = ab + ac$$

Ou seja, a multiplicação se distribui sobre a adição. Por exemplo,

$$\begin{aligned} 2\,(22) &= 2(20 + 2) \\ &= 2\,(20) + 2(2) \\ &= 40 + 4 \\ &= 44 \end{aligned}$$

A multiplicação por 10 (ou 100, 1000, etc) tem por base a estrutura do sistema de numeração de base 10. Posso escrever o número 342 como

| 1000 | 100 | 10 | 1 |
|---|---|---|---|
| – | 3 | 4 | 2 |

onde sua posição nesta tabela indica seu valor posicional. Se eu multiplicar 342 por 10, ele simplesmente se desloca para a esquerda:

| 1000 | 100 | 10 | 1 |
|------|-----|----|----|
| 3    | 4   | 2  | –  |

deixando, na prática, zero nas posições de unidade. Assim sendo, 10 x 342 = 3420. Também posso demonstrar essa característica do nosso sistema de base 10 escrevendo 342 na notação científica:

$$342 = 3 \cdot 10^2 + 4 \cdot 10^1 + 2 \cdot 10^0$$

logo

$$10 \times 342 = 10\,(3 \cdot 10^2 + 4 \cdot 10^1 + 2 \cdot 10^0)$$
$$= 3 \cdot 10^3 + 4 \cdot 10^2 + 2 \cdot 10^1$$
$$= 3420$$

Juntando todos estes componentes fundamentais, estamos prontos para examinar como funciona a multiplicação de fatores com mais de um algoritmo. Vou considerar 28 × 142 e escrever ambos em notação científica. Assim,

$$28 \times 142 = (2 \cdot 10^1 + 8)\,(1 \cdot 10^2 + 4 \cdot 10^1 + 2)$$

Usando a propriedade distributiva, temos

$$28 \times 142 = (2 \cdot 10^1)\,(1 \cdot 10^2 + 4 \cdot 10^1 + 2) + (8)\,(1 \cdot 10^2 + 4 \cdot 10^1 + 2)$$
$$= (2 \cdot 10^1)\,(1 \cdot 10^2 + 4 \cdot 10^1 + 2) + (8 \cdot 10^2 + 32 \cdot 10^1 + 16) \quad (A)$$

Observe que $8 \cdot 10^2 + 32 \cdot 10^1 + 16$ não é um número de base 10 e que, para torná-lo assim, temos de reagrupar e, em essência, *transportar*:

$$8 \cdot 10^2 + 32 \cdot 10^1 + 16 = 8 \cdot 10^2 + \underline{3 \cdot 10^2} + 2 \cdot 10^1 + \underline{1 \cdot 10^1} + 6 \quad (B)$$
$$= 11 \cdot 10^2 + 3 \cdot 10^1 + 6$$
$$= 1 \cdot 10^3 + 1 \cdot 10^2 + 3 \cdot 10^1 + 6$$
$$= 1136$$

Assim

$$28 \times 142 = (2 \cdot 10^1)\,(1 \cdot 10^2 + 4 \cdot 10^1 + 2) + 1136 \quad (C)$$
$$= (10^1)(2 \cdot 10^2 + 8 \cdot 10^1 + 4) + 1136$$
$$= (10^1)(284) + 1136$$

Usando o fato de que a multiplicação por 10 desloca o número uma posição à esquerda, temos

$$28 \times 142 = 2840 + 1136 = 3976 \quad (D)$$

Dê uma olhada no algoritmo convencional:

```
    3 1
    142
  × 28
  ─────
   1136
   2840
  ─────
   3976
```

Você consegue ver de onde vêm as várias partes? A primeira e a segunda linhas decorrem tão somente da propriedade distributiva e do fato de que eu decompus o multiplicador e o multiplicando em relação ao valor posicional. Os transportes (1 e 3) resultam da necessidade de escrever números corretamente no nosso sistema de base 10, e o 0 em 2480 surge da multiplicação por 10. Essa mudança se torna ainda mais evidente quando eu escrevo o algoritmo convencional em sua forma mais simplificada,[4] como

$$\begin{array}{r} 142 \\ \times\,28 \\ \hline 1136 \\ 284\phantom{0} \\ \hline 3976 \end{array}$$

Óbvio, não? Agora, vou fazer uma tentativa com o nosso sistema de base 6. Considere

$$ABC \times BE$$

Usando o algoritmo convencional de multiplicação, tenho

$$\begin{array}{r} AA \\ ABB \\ \times\,BE \\ \hline A\text{-}E\,D \\ BDD\text{-}\phantom{0} \\ \hline CECD \end{array}$$

Aqui está uma explicação: Começando na direita e avançando para a esquerda,[5] inicialmente calculo E × B. Isso, a partir da tabela de multiplicação, é AD. Assim trago D para baixo e transporto A. Agora, E × B é AD, de modo que somo o A que trouxe para baixo a AD, o que, naturalmente, dá AE. Assim, trago para baixo o E e transporto o segundo A. Então, multiplico E por A, o que dá E, e somo o segundo A, que dá A, e trago para baixo. Minha primeira fileira agora é A-ED.

Calculo a segunda linha de forma muito semelhante à primeira, lembrando que tenho que transferir, porque vou multiplicar por B (o B em BE), que está na posição dos seis (vou indicar essa transferência '–' embora, estritamente falando, não seja necessário). Primeiro, calculo B × B, que é D, e anoto isso. Então, calculo B × B, que é D, e o anoto. Por fim, calculo B vezes A, que é B, e anoto. Agora tenho BDD– na segunda fileira. Finalmente, somo meus dois produtos parciais para obter CECD.

### PROBLEMA 5.4

Multiplique (a) CBA por AAA, (b) CBA por CD.

# NÚMEROS PRIMOS E FATORAÇÃO

Nesta seção, vamos rever brevemente algumas características dos números primos e, a seguir, considerando que a fatoração é uma parte elementar do currículo de matemática, examinaremos fatorações em primos.

## Números primos

Um inteiro $p > 1$ é chamado de número primo quando seus únicos divisores são ±1 e ±$p$. Os números primos inferiores a 100 são

| | | | | |
|---|---|---|---|---|
| 2 | 13 | 31 | 53 | 73 |
| 3 | 17 | 37 | 59 | 79 |
| 5 | 19 | 41 | 61 | 83 |
| 7 | 23 | 43 | 67 | 89 |
| 11 | 29 | 47 | 71 | 97 |

O 2 é o único número primo par. Um número $m > 1$ que não seja um número primo é chamado de composto. Os primeiros números compostos são

 4  6  8  9  10  12  14  15  16  18  20

De uma forma análoga, eu poderia introduzir os números primos negativos –2, –3, –5, ... e os números negativos compostos –4, –6, ... . No entanto, na discussão a seguir, sobre fatores de números, vou considerar apenas os números primos positivos.

Há um método antigo para encontrar os primos, conhecido como Crivo de Eratóstenes.[6] O Crivo de Eratóstenes consiste em escrever todos os números até um certo limite, digamos, 100:

```
 1  2  3  4̶  5  6̶  7  8̶  9̶  1̶0̶  11  1̶2̶  13  1̶4̶  1̶5̶  1̶6̶  17  1̶8̶  19  2̶0̶
2̶1̶ 2̶2̶ 23 2̶4̶ 2̶5̶ 2̶6̶ 2̶7̶ 2̶8̶ 29 3̶0̶  31  3̶2̶ 3̶3̶ 3̶4̶ 3̶5̶ 3̶6̶ 37 3̶8̶ 3̶9̶ 4̶0̶
41 4̶2̶ 43 4̶4̶ 4̶5̶ 4̶6̶ 47 4̶8̶ 4̶9̶ 5̶0̶ 5̶1̶ 5̶2̶ 53 5̶4̶ 5̶5̶ 5̶6̶ 5̶7̶ 5̶8̶ 59 6̶0̶
61 6̶2̶ 6̶3̶ 6̶4̶ 6̶5̶ 6̶6̶ 67 6̶8̶ 6̶9̶ 7̶0̶  71  7̶2̶ 73 7̶4̶ 7̶5̶ 7̶6̶ 7̶7̶ 7̶8̶ 79 8̶0̶
8̶1̶ 8̶2̶ 83 8̶4̶ 8̶5̶ 8̶6̶ 8̶7̶ 8̶8̶ 89 9̶0̶ 9̶1̶ 9̶2̶ 9̶3̶ 9̶4̶ 9̶5̶ 9̶6̶ 97 9̶8̶ 9̶9̶ 1̶0̶0̶
```

A partir desta série, inicialmente, conto de 2 em 2, contando um número sim, outro não, ou seja, os números 4, 6, 8 ... . Contando a partir do primeiro número restante, 3, um a cada três números é marcado (isto é, 6, 9, 12, ...), portanto, alguns serão marcados duas vezes. O próximo número restante é 5, que é um número primo, porque não foi cortado como divisível por 2 ou 3; então, um a cada cinco números (10, 15, 20, ...) é cortado. O primeiro número restante, 7, é um número primo, porque não é divisível por 2, 3 nem 5, e seus múltiplos (14, 21, ...) são eliminados. Dessa forma, todos os números primos entre 1 e 100 podem ser determinados sucessivamente.

Na melhor das hipóteses, o Crivo de Eratóstenes é tedioso; no entanto, a seguinte observação o torna um pouco menos tedioso. No exemplo anterior, quando todos os múltiplos de 7 forem marcados no quarto passo, os números restantes não marcados incluirão agora todos os primos abaixo de 100, porque nenhum número restante $N$ tem qualquer fator menor do que o próximo primo $11 > \sqrt{N}$. Assim, por exemplo, ao verificar se 329 é primo, preciso apenas verificar fatores até 17, porque $17 < \sqrt{329}$ e $19 > \sqrt{329}$.

**PROBLEMA 5.5**

Determine (a) se 241 é primo; (b) se 341 é primo. Mostre seu trabalho.

Existem outros métodos menos sistemáticos para a geração de números primos. Vou ilustrar um que Euclides usava em torno de 300 a. C. Seja $Q = \{p_1, p_2, \ldots, p_n\}$ qualquer conjunto de números primos. Calculo o seu produto

$$P = p_1 \cdot p_2 \cdots p_n$$

e somo 1. Então, $P + 1$ é certamente um primo ou não primo. Se é primo, agora tenho um primo $p$ que não os do conjunto $Q$. Se não é, deve ser divisível por algum primo $p$. Mas $p$ não pode ser idêntico a qualquer um dos números primos em $Q$, porque, nesse caso, dividiria simultaneamente $P$, $P + 1$, e, portanto, sua diferença, que é 1. Isso é impossível. Portanto, em qualquer caso, gerei um primo que não em Q.

Por exemplo, tenho

$2 \cdot 3 + 1 = 7$ (7 é primo)
$2 \cdot 3 \cdot 5 + 1 = 31$ (31 é primo)
$2 \cdot 3 \cdot 5 \cdot 7 + 1 = 211$ (211 é primo)
$2 \cdot 3 \cdot 5 \cdot 7 \cdot 11 + 1 = 2311$ (2311 é primo)
$2 \cdot 3 \cdot 5 \cdot 7 \cdot 11 \cdot 13 + 1 = 30.031 = 59 \cdot 509$ (59 e 509 são primos)
$2 \cdot 3 \cdot 5 \cdot 7 \cdot 11 \cdot 13 \cdot 17 + 1 = 510.511 = 19 \cdot 97 \cdot 277$ (19, 97 e 277 são primos)
$2 \cdot 3 \cdot 5 \cdot 7 \cdot 11 \cdot 13 \cdot 17 \cdot 19 + 1 = 9.699.691 = 347 \cdot 27.953$ (347 e 27.953 são primos)

Quantos primos há, afinal? Uma das primeiras provas conhecidas de que há uma infinidade de números primos foi apresentada por Euclides, por volta de 300 a. C., em seu *Os elementos* (Proposição 20, Livro IX).

*Prova*: Esta será uma prova por contradição. Eu suponho, ao contrário, que haja uma quantidade finita de números primos. Isto é, $Q = \{p_1, p_2, \ldots, p_n\}$. No entanto, neste caso, como já foi mostrado, posso gerar um primo $p$ não em Q. Esta é uma contradição. Portanto, há um número de primos infinitamente grande.

| Prova por contradição |
|---|

No entanto, embora existam infinitos números primos, eles tendem a escassear (veja as Figuras 5.1, 5.2 e 5.3).

O Teorema dos Números Primos diz que, para grandes valores de $x$, o número de primos inferior ou igual a $x$, $\pi(x)$, é dado aproximadamente por

$$\pi(x) \sim \frac{x}{\ln x}$$

onde ln $x$ indica o logaritmo natural de $x$.

| 0+ | 1–100 | 100–200 | 200–300 | 300–400 | 400–500 | 500–600 | 600–700 | 700–800 | 800–900 | 900–1000 |
|---|---|---|---|---|---|---|---|---|---|---|
|  | 25 | 21 | 16 | 16 | 17 | 14 | 16 | 14 | 15 | 14 |

**FIGURA 5.1** Número de primos de 1 a 1000.
*Fonte:* O autor.

| 1.000.000+ | 1–100 | 100–200 | 200–300 | 300–400 | 400–500 | 500–600 | 600–700 | 700–800 | 800–900 | 900–1000 |
|---|---|---|---|---|---|---|---|---|---|---|
|  | 6 | 10 | 8 | 8 | 7 | 7 | 10 | 5 | 6 | 8 |

**FIGURA 5.2** Número de primos de 1.000.000 a 1.001.000.
*Fonte:* O autor.

| 10.000.000+ | 1–100 | 100–200 | 200–300 | 300–400 | 400–500 | 500–600 | 600–700 | 700–800 | 800–900 | 900–1000 |
|---|---|---|---|---|---|---|---|---|---|---|
|  | 2 | 6 | 6 | 6 | 5 | 4 | 7 | 10 | 9 | 6 |

**FIGURA 5.3** Número de primos de 10.000.000 a 10.001.000.
*Fonte:* O autor.

## Fatorações em primos

Em torno do 4º ou 5º anos, as crianças começam a passar algum tempo fatorando números. Por exemplo, o número 30 é fatorado como segue:

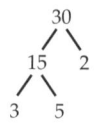

```
      30
     /  \
    15   2
   /  \
  3    5
```

Ou seja, $30 = 2 \cdot 3 \cdot 5$. Na verdade, pelo Teorema Fundamental da Aritmética,[7] cada número composto $N$ pode ser decomposto exclusivamente em fatores primos:[8]

$$N = p_1^{a_1} p_2^{a_2} \cdots p_r^{a_r}$$

onde os $p_i$s são os vários fatores primos e $a_i$ é a multiplicidade, isto é, o número de vezes que $p_i$ ocorre na fatoração. Assim, $60 = 2^2 \cdot 3 \cdot 5$.

### PROBLEMA 5.6
Dê fatorações em primos para (a) 3600 e (b) 621.

Como $60 = 2^2 \cdot 3 \cdot 5$, sei que alguns fatores de 60 são 60 e 1, 2, 4, 6, 15, etc. Uma questão matemática interessante é se, dado um determinado número, podemos estabelecer quantos fatores ele tem e se podemos facilmente criar uma lista de fatores. Acontece que o número de fatores de $N$, onde

$$N = p_1^{a_1} p_2^{a_2} \cdots p_r^{a_r}$$

é uma fatoração em primos em termos de números primos $p_1, p_2, \ldots, p_r$, é dada por

$$v(N) = (a_1 + 1)(a_2 + 1) \ldots (a_r + 1)$$

*Prova*: Agora, para qualquer $i$,

$$p_i^0 = 1$$

portanto, qualquer fator $g$ de $N$ pode ser escrito na forma[9]

$$g = p_1^{b_1} p_2^{b_2} \cdots p_r^{b_r}$$

onde $0 \leq b_i \leq a_i$ para todos os $i$. Assim, ao construir fatores de $N$, posso escolher que a multiplicidade de $p_1$ seja 0, 1, ... , $a_1$; isto é, posso escolher a multiplicidade de $p_1$ em $a_1 + 1$ maneiras. De forma semelhante, posso escolher a multiplicidade de $p_2$ cm $1 + a_2$ maneiras, e assim por diante. Portanto, o número de fatores de um número – assim como ocorre em uma situação combinatória envolvendo calças, camisas e sapatos – é

$$v(N) = (a_1 + 1)(a_2 + 1) \ldots (a_r + 1)$$

Por exemplo,

$$v(60) = (2 + 1)(1 + 1)(1 + 1) = 12$$

Teoria dos Números para Professores do Ensino Fundamental    91

e, consequentemente, 60 tem 12 fatores. Eles são[10]

| $1 \times 1 \times 1 = 1$ | $2 \times 1 \times 1 = 2$ | $4 \times 1 \times 1 = 4$ |
| $1 \times 1 \times 5 = 5$ | $2 \times 1 \times 5 = 10$ | $4 \times 1 \times 5 = 20$ |
| $1 \times 3 \times 1 = 3$ | $2 \times 3 \times 1 = 6$ | $4 \times 3 \times 1 = 12$ |
| $1 \times 3 \times 5 = 15$ | $2 \times 3 \times 5 = 30$ | $4 \times 3 \times 5 = 60$ |

## PROBLEMA 5.7

Calcule $v(3600)$ e $v(621)$. Liste os fatores de 621.

## INVESTIGAÇÕES

1. Historicamente, a criptografia dependia de uma chave secreta que duas ou mais partes usavam para descriptografar informações criptografadas por meio de um método mutuamente acordado. Um dos algoritmos da criptografia em uso comum hoje é a criptografia de chave pública. A segurança dessa técnica é consequência da dificuldade de encontrar os fatores primos de um número muito grande. Dê um exemplo de como este algoritmo funciona e descreva sua história.

2. Um *número perfeito* é um número que é igual à soma dos seus divisores positivos (isto é, todos os divisores, incluindo 1, que não ele próprio). Por exemplo, 6 e 28 são números perfeitos porque $6 = 1 + 2 + 3$ e $28 = 1 + 2 + 4 + 7 + 14 = 28$. Prove que um número do tipo

$$P = 2^{p-1}(2^p - 1) \qquad (p > 1)$$

é perfeito se $q = 2^p - 1$ for primo. [*Dica*: Pode ser útil considerar o produto

$$\sigma(N) = (1 + p_1 + p_1^2 + \cdots + p_1^{a_1})(1 + p_2 + p_2^2 + \cdots + p_1^{a_2}) \cdots (1 + p_r + p_r^2 + \cdots + p_r^{a_r}) \qquad (E)$$

onde $N$ tem a fatoração em primos

$$N = p_1^{a_1} p_2^{a_2} \cdots p_r^{a_r}$$

Como todos os fatores de $N$ (incluindo o próprio $N$) aparecem na expansão de $\sigma(N)$, $\sigma(N)$ é igual à soma dos fatores de $N$, e, por conseguinte, se $\sigma(N) = 2N$, então $N$ é um número perfeito.

Você pode querer experimentar um pouco com essa expansão. Por exemplo, olhe para a expansão de $\sigma(60)$:

$$\sigma(60) = (1 + 2 + 4)(1 + 3)(1 + 5)$$
$$= (1 + 2 + 4)(1 \times 1 + 1 \times 3 + 1 \times 5 + 3 \times 5)$$
$$= 1 \times 1 \times 1 + 1 \times 1 \times 3 + 1 \times 1 \times 5 + 1 \times 3 \times 5 + 2$$
$$\times 1 \times 1 + 2 \times 1 \times 3 + 2 \times 1 \times 5 + 2 \times 3 \times 5 + 4 \times 1$$
$$\times 1 + 4 \times 1 \times 3 + 4 \times 1 \times 5 + 4 \times 3 \times 5$$

e compare a expansão com a lista de fatores indicados anteriormente.]

3. Um primo do tipo $2^p - 1$ é chamado um primo de Mersenne. Pesquise e descreva a história intrigante dos primos de Mersenne desde sua descoberta até os tempos atuais.

4. (A) Quais algarismos podem aparecer como último algarismo de um número quadrado? (b) Como último algarismo de um número cúbico? Justifique sua resposta. [*Dica*: Podemos (consulte a forma de expansão de base 10) escrever qualquer número inteiro positivo como $10a + b$, onde $0 \leq b \leq 9$.]
5. Dois números $N$ e $M$ são considerados relativamente primos se o único fator em comum entre eles for 1. Em 1760, Leonard Euler fez a seguinte pergunta:

> Quando $N$ é um número inteiro, quantos dos números $1, 2, 3, ..., N-1$, $N$ são relativamente primos em relação a $N$?

e deu uma solução. Este número, $\varphi(N)$, geralmente é denotado por $\varphi$ e é conhecido como função $\varphi$ de Euler. Para os primeiros inteiros, temos

$$\varphi(2) = 1 \quad \{1\}$$
$$\varphi(3) = 2 \quad \{1, 2\}$$
$$\varphi(4) = 2 \quad \{1, 3\}$$
$$\varphi(5) = 4 \quad \{1, 2, 3, 4\}$$

Em particular, Euler mostrou que se

$$N = p_1^{a_1} p_2^{a_2} \cdots p_r^{a_r}$$

então,

$$\varphi(N) = N\left(1 - \frac{1}{p_1}\right)\left(1 - \frac{1}{p_2}\right) \cdots \left(1 - \frac{1}{p_r}\right)$$

Encontre um texto adequado que ofereça uma prova, ou navegue na internet e, ao ler a prova, escreva sua própria prova para este resultado. Esta, por sinal, é uma das poucas maneiras eficazes para se ler um texto de matemática.
6. Demonstre por que a multiplicação do YouTube funciona.

## NOTAS

1. Eu poderia, é claro, usar 0, 1, 2, 3, 4, 5, mas esta escolha alfabética deve ajudá-lo a se concentrar na estrutura da tabela.
2. Por exemplo, a regra comutativa é válida em uma tabuada de qualquer tamanho.
3. Exemplos de métodos de decomposição incluem separar o multiplicador ou o multiplicando em dezenas e unidades, separar o multiplicador e o multiplicando em dezenas e unidades, separar usando outros números além de dez.
4. E sua forma menos compreensível.
5. Você pode se perguntar se há uma versão da esquerda para a direita de razoável eficiência. A resposta é, obviamente, "sim". No entanto, eu nunca vi uma dessas no registro histórico. OK, e que dizer disso?

$$142$$
$$28$$
$$\underline{284}$$
$$3666$$
$$97$$

6. Eratóstenes (276-194 a. C.) foi um estudioso grego e bibliotecário-chefe da famosa biblioteca de Alexandria. Ele é conhecido por sua cronologia da história antiga e por sua medição do meridiano entre Assuan e Alexandria, que tornou possível estimar o tamanho da Terra com uma precisão notável.
7. Ver o Apêndice para uma prova.
8. Este teorema é o chamado Teorema da Fatoração Prime. Vou supô-lo na discussão que se segue.
9. Pense sobre isso por um momento, e observe que para $0 \leq b_i \leq a_i$, $p_i^{a_i}$ é divisível por $p_i^{b_i}$.
10. Revise, se necessário, o material do Capítulo 2 sobre a criação de um conjunto de vestuário, dado um certo número de calças, sapatos e camisas.

# REFERÊNCIAS

DAVIS, H. T. The history of computation. In: BAUMGART, J. K. *Historical topics for the mathematical classroom*. Reston: NCTM, 1969.

FUSON, K. C. Developing mathematical power in whole number operations. In: KILPATRICK, J.; MARTIN, W. G.; SCHIFTER, D. (Ed.). *A research companion to NCTM's standards*. Reston: NCTM, 2003.

# CAPÍTULO

# 6   Divisibilidade e restos

Este capítulo trata da arte de divisão. Examinaremos inicialmente esta arte histórica em termos de desenvolvimento e, em seguida, daremos uma olhada no algoritmo convencional geral usado para a divisão longa, como ilustrado por*

$$
\begin{array}{r}
124\phantom{0} \\
16\overline{)1987} \\
\underline{16}\phantom{00} \\
38\phantom{0} \\
\underline{32}\phantom{0} \\
67 \\
\underline{64} \\
3
\end{array}
$$

Isso será seguido por uma discussão sobre relógios, congruências e regras de divisibilidade. Por exemplo, sem fazer divisão, sabemos que qualquer número que termine em um múltiplo de 2 é divisível por 2. No entanto, poderíamos saber se 4576890345789 é divisível por 3, 9, ou, talvez, 7, sem fazer a divisão longa?

## A DIVISÃO A PARTIR DE UMA PERSPECTIVA HISTÓRICA

Como observei antes, uma fonte de nosso conhecimento sobre as raízes históricas da aritmética é o Papiro de Rhind (mais precisamente chamado de Papiro de Ahmes). Aqui, encontramos o problema "dividir 19 por 8" (ou "calcular com 8 até encontrar 19"). A solução para o problema, em notação moderna, é a seguinte:

---

* N. de R.T.: A maneira como a divisão é apresentada neste livro segue o padrão americano. No Brasil, a divisão seria escrita da seguinte maneira:

$$
\begin{array}{r|l}
1987 & \underline{12}\phantom{00} \\
\underline{16}\phantom{00} & 124 \\
38\phantom{0} & \\
\underline{32}\phantom{0} & \\
67 & \\
\underline{64} & \\
3 &
\end{array}
$$

$$1 \times 8 = 8$$
$$2 \times 8 = 16*$$
$$\frac{1}{2} \times 8 = 4$$
$$\frac{1}{4} \times 8 = 2*$$
$$\frac{1}{8} \times 8 = 1*$$

Os itens com asterisco na coluna da direita somam 19, de modo que a solução é simplesmente*

$$19 \div 8 = 2 + \frac{1}{4} + \frac{1}{8}$$

Note-se que, em essência, uso a duplicação para determinar o quociente, e a redução à metade, para determinar o resto.

Um exemplo um pouco mais complexo é 1987 dividido por 16. Neste caso, preciso calcular com 16 até encontrar 1987:

$$1 \times 16 = 16$$
$$2 \times 16 = 32$$
$$4 \times 16 = 64*$$
$$8 \times 16 = 128*$$
$$16 \times 16 = 256*$$
$$32 \times 16 = 516*$$
$$64 \times 16 = 1032*$$

Os itens com asterisco até agora levam a 1984 (isto é, 124 × 16). Preciso de mais 3.

$$\frac{1}{2} \times 16 = 8$$
$$\frac{1}{4} \times 16 = 4$$
$$\frac{1}{8} \times 16 = 2*$$
$$\frac{1}{16} \times 16 = 1*$$

Assim, a minha solução é

$$1987 \div 16 = 124 + \frac{1}{8} + \frac{1}{16}$$

### PROBLEMA 6.1

Divida 273 por 8 usando o método egípcio.

O método grego de divisão é um pouco semelhante ao método egípcio. No entanto, a partir de cerca de 895 d. C. a 1600 d. C., aproximadamente, um método de

---

* N. de R.T.: $19 \div 8 = 2$ e resta 3, o que também pode ser escrito 2 e $\frac{3}{8}$, que é o mesmo que $2 + \frac{1}{4} + \frac{1}{8}$.

"riscar", possivelmente de origem hindu, era a forma mais utilizada de divisão (ainda é usado em locais do norte da África) (NATIONAL COUNCIL OF TEACHERS OF MATEMATICS, 2000). Por exemplo, para dividir 1987 por 16, procedo da seguinte forma: Começo escrevendo o problema como[1]

$$\begin{array}{r}1987 \quad (\\ 16\end{array}$$

Como de costume, procuro um multiplicador experimental – 1 funciona – e escrevo

$$\begin{array}{r}1987 \quad (1\\ 16\end{array}$$

A seguir, multiplico mentalmente o multiplicador experimental pelo divisor e, em essência, uso o método de subtração de "riscar" para calcular a diferença ($1 - 1 \cdot 1 = 0$ e $9 - 1 \cdot 6 = 3$)

$$\begin{array}{r}03\\ \cancel{1987} \quad (1\\ \cancel{16}\end{array}$$

A seguir, deslocando um espaço para a direita, reescrevo o divisor

$$\begin{array}{r}03\\ \cancel{1987} \quad (1\\ \cancel{166}\\ 1\end{array}$$

e procuro um múltiplo experimental de 16, que me leva até perto de 38. Esse multiplicador é 2. Mentalmente, multiplico o divisor por 2, e usando, em essência, o método de subtração por "risco" para calcular a diferença, tenho ($3 - 2 \cdot 1 = 1$)

$$\begin{array}{r}1\\ \cancel{03}\\ \cancel{1987} \quad (12\\ \cancel{166}\\ 1\end{array}$$

e ($18 - 2 \cdot 6 = 6$)

$$\begin{array}{r}0\\ \cancel{1}\\ 0\cancel{3}6\\ \cancel{1987} \quad (12\\ \cancel{166}\\ \cancel{1}\end{array}$$

A seguir, desloco um espaço para a direita e reescrevo o divisor

$$\begin{array}{r}0\\ \cancel{1}\\ 0\cancel{3}6\\ \cancel{1987} \quad (12\\ \cancel{1666}\\ \cancel{11}\end{array}$$

e procuro um múltiplo experimental de 16 que me leve próximo a 67. Esse múltiplo é 4. Multiplico mentalmente o divisor por 4 e, usando, em essência, o método de subtração por "risco" para calcular a diferença, obtenho (6 – 4 · 1 = 2)

```
            0
           12
          036
         1987      (124
         1666
           11
```

e (27 – 4 · 6 = 3)

```
            00
            12
          0363
         1987      (124                        (A)
         1666
           11
```

Minha resposta final é 124, com resto 3.

Como a figura em (A) aparentemente parece uma galé*, o sistema foi chamado de "método da galé". O método da galé tem fama de ser mais rápido do que a divisão longa moderna e se crê que tenha saído de uso por falta de "tipos anulados" para impressão (isto é, tipos da forma 1). Um problema um pouco mais complicado e sua solução aparecem em *Holder's Arithmetic*, que foi impresso em Boston em 1719 (KARPINSK, 1925):

```
                 8
                975
              98630
             9875293
           987641810
          98765206098
         9876541959876
        493827148487654
       24691357863765432
      123456789987654321    (124999999
       9876543211111111
        987654322222222
         9876543333333
          98765444444
           987655555
            9876666
             98777
              988
               9
```

**FIGURA 6.1**  123456789987654321 dividido por 987654321.
*Fonte:* O autor.

---

* N. de R.T.: Galé ou galeão era uma embarcação de guerra, comprida e com grandes remos. Esse algoritmo forma "o casco" da galé.

> **PROBLEMA 6.2**
> Divida 7890 por 33 utilizando o método da galé.

O livro de aritmética de Calandari, de 1491, foi o primeiro a usar o que agora chamamos de algoritmo convencional para divisão. Robert Recorde ilustra esse algoritmo em sua obra *The Grounde of Artes*, de 1542, dividindo 7890 por 33:

$$33)\ 7890\ (239\tfrac{1}{3}$$
$$\underline{66}$$
$$129$$
$$\underline{99}$$
$$300$$
$$\underline{297}$$
$$3$$

## A DIVISÃO A PARTIR DE UMA PERSPECTIVA DO DESENVOLVIMENTO

Um dos primeiros contextos em que as crianças encontram a divisão é no compartilhamento – isto é, o processo de divisão de vários biscoitos, por exemplo, entre várias pessoas. Se uma criança tem 7 biscoitos e quer compartilhá-los entre três pessoas, ela pode simplesmente passar os biscoitos, um por um, a cada uma das três pessoas e sobrará um (ou seja, um resto). Ela pode dividir ou não este último biscoito em terços aproximados. No entanto, essa experiência parece ser pouco usada nas escolas, e a primeira introdução formal de uma criança à divisão, muitas vezes em torno do 3º ano, é um desfazer da multiplicação. Por exemplo,

$$4 \times\ ? = 8$$

Isto é seguido, no currículo, por uma discussão de fatores e divisores, e culmina no algoritmo convencional de divisão.

Os professores muitas vezes dão assistência a esse processo ao longo do tempo. Vejamos um exemplo: digamos que eu queira aprender a dividir 1987 por 16. Primeiro, aprendo a trabalhar com os múltiplos de 16 que são mais naturais para se trabalhar em um sistema de base 10 (veja a Figura 6.2).

|     | 10   | 6   |
| --- | ---- | --- |
| 100 | 1000 | 600 |
| 10  | 100  | 60  |
| 1   | 10   | 6   |

**FIGURA 6.2** Modelo abreviado: construindo múltiplos de 16.
*Fonte:* O autor.

O passo seguinte é incorporar essa familiaridade em um algoritmo um pouco eficiente – dentro do qual escolho os meus múltiplos de 10 cuidadosamente e, em certo sentido, apresento um comentário contínuo sobre o processo de divisão (veja a Figura 6.3).

```
16 )1987
    160   | 10
    1827
     800  | 50
    1027
     800  | 50
     227
     160  | 10
      67
      64  | 4
       3  |___
              124
```

**FIGURA 6.3** Algoritmo acessível inicial: tirando múltiplos de 16 até não haver mais.
*Fonte:* O autor.

Em uma versão ainda posterior do algoritmo de divisão, começo a maximizar meus múltiplos de 16 para minimizar os passos do algoritmo (veja a Figura 6.4).

```
16 )1987
    1600  | 100
     387
     320  | 20
      67
      64  | 4
       3  |___
              124
```

**FIGURA 6.4** Versão posterior, com menos etapas.
*Fonte:* O autor.

### PROBLEMA 6.3

Use o algoritmo acima para dividir 2763 por 15.

Esta versão posterior ainda é usada em algumas partes do mundo. Em escolas dos Estados Unidos, no entanto, simplificamos o algoritmo escrevendo o quociente acima do dividendo e, com o posicionamento de algarismos, eliminamos os zeros à direita nos subtraendos.

```
          124
    16 )1987
        16
        38
        32
         67
         64
          3
```

Observe que, a menos que seja dada uma assistência adequada, a forma final do algoritmo tem dois aspectos que criam dificuldades para as crianças (FUSON, 2003).

Primeiro, exige que elas determinem exatamente os múltiplos máximos do divisor que podem tirar do dividendo. Este aspecto é uma fonte de ansiedade, porque os alunos muitas vezes têm dificuldade de estimar exatamente quantos vão ser necessários e costumam ir multiplicando produtos experimentais e os excluindo, até encontrar o exato. Em segundo lugar, a forma final do algoritmo dá pouca ideia do tamanho dos produtos que os alunos estão calculando. Na verdade, como no algoritmo convencional de multiplicação, eles estão sempre multiplicando por um único algarismo.

## ALGORITMOS DE DIVISÃO DE NÚMEROS INTEIROS

Se fosse descrever como usaria o algoritmo convencional de divisão para dividir 1987 por 16, eu poderia proceder examinando os algarismos do dividendo da esquerda para a direita. Posso ver que 16 não divide o 1 de 1987 (na verdade, é 1000 e 16 divide, sim, 1000; a linguagem que usamos durante a aplicação do algoritmo não é totalmente útil), então eu verifico se divide o 19 de 1987 (na verdade, 1900). De fato, divide, com um quociente de 1 (na verdade, 100). Escrevo o quociente acima do 9 no dividendo (observe que 9 está na posição das centenas) e calculo o resto (1 ou, mais propriamente, 100):

$$19 = 1 \cdot 16 + 3 \quad \text{(na verdade, } 1900 = 100 \cdot 16 + 300\text{)}$$

A seguir está o que resta do dividendo, que me dá 387 e, mais uma vez, examinando os algarismos da esquerda para a direita, determino que

$$38 = 2 \cdot 16 + 6 \quad \text{(na verdade, } 180 = 20 \cdot 16 + 60\text{)}$$

Escrevo o quociente 2 (na verdade, 20) acima do 8 no dividendo (observe que esse 8 está na posição das dezenas) e, como indicado, abaixo o resto para obter um resultado de 67. Novamente à procura de um multiplicador experimental, vejo que

$$67 = 4 \cdot 16 + 3$$

Escrevendo o quociente 4 acima do 7 no dividendo (observe que o 7 está na posição das unidades), obtenho $1987 = 124 \cdot 16 + 3$. Note-se que o posicionamento dos algarismos do quociente é fundamental, porque este é o único registro que se tem de seu valor posicional.

Por que isso funciona? A formulação da divisão que vou usar é essencialmente aquela encontrada em Euclides. É a seguinte: seja $d \neq 0$ um inteiro positivo arbitrário (esta noção pode ser facilmente estendida para inteiros negativos). Um em cada dois inteiros $n$ será um múltiplo de $d$ ou cairá entre dois múltiplos consecutivos de $d$ – isto é, entre $q \cdot d$ e $(q + 1)d$. Assim, pode-se escrever[2]

$$n = q \cdot d + r$$

onde $r$ é um dos números

$$0, 1, 2, ..., d - 1$$

Dado um dividendo $n$ e um divisor $d$, o trabalho de divisão é determinar o quociente $q$ e o resto $r$. No meu exemplo acima, isto significa encontrar $q$ e $r$, tais que

$$1987 = q \cdot 16 + r$$

onde $r$ é um número inteiro positivo e $0 \leq r < 16$ (isto é, $r$ é um dos números 0, 1, 2, ..., 15).

Na base 10, isso se torna um problema de encontrar r e

$$q = q_m 10^m + q_{m-1} 10^{m-1} + \ldots + q_1 10^1 + q_0$$

tal que

$$n = (q_m 10^m + q_{m-1} 10^{m-1} + \ldots + q_1 10^1 + q_0) \cdot 16 + r$$
$$= q_m 10^m \cdot 16 + q_{m-1} 10^{m-1} \cdot 16 + \ldots + q_1 10^1 \cdot 16 + q_0 \cdot 16 + r$$

e $0 \leq r < 16$.

Podemos reescrever n como

$$n = Q_m \cdot (10^m \cdot 16) + R_m$$

onde

$$Q_m = q_m$$

e

$$R_m = q_{m-1} 10^{m-1} \cdot 16 + \ldots + q_1 10^1 \cdot 16 + q_0 \cdot 16 + r$$

Observe que $0 \leq q_{m-1} 10^{m-1} + \ldots + q_1 10^1 + q_0 < 10^m$ de forma que $0 \leq R_m < 10^m \cdot 16$. Um argumento semelhante mostra que o problema

$$R_m = Q_{m-1} \cdot (10^{m-1} \cdot 16) + R_{m-1}$$

tem a solução

$$Q_{m-1} = q_{m-1}$$
$$R_{m-1} = q_{m-2} 10^{m-2} \cdot 16 + \ldots + q_1 10^1 \cdot 16 + q_0 \cdot 16 + r$$

onde $0 \leq R_{m-1} < 10^m \cdot 16$. Considerando que é possível continuar, você pode ver que, na base 10, preciso apenas resolver uma série de problemas de divisão envolvendo, efetivamente, quocientes de um algarismo.

Permita-me demonstrar como tudo isso acontece e a correspondência com o algoritmo convencional de divisão no meu exemplo.[3] Como de costume, escrevo o dividendo 1987 em notação científica:

$$1 \cdot 10^3 + 9 \cdot 10^2 + 8 \cdot 10^1 + 7 \cdot 1$$

O maior múltiplo de 16 que poderia funcionar é $16 \cdot 10^3$. No entanto,

$$1 \cdot 10^3 + 9 \cdot 10^2 + 8 \cdot 10^1 + 7 \cdot 1 = 0 \cdot (16 \cdot 10^3) + 1 \cdot 10^3 + 9 \cdot 10^2 + 8 \cdot 10^1 + 7 \cdot 1$$

E que dizer de $16 \cdot 10^2$? Bom,

$$1 \cdot 10^3 + 9 \cdot 10^2 + 8 \cdot 10^1 + 7 \cdot 1 = 1 \cdot (16 \cdot 10^2) + \underline{387}$$

e

$$387 = 2 \cdot (16 \cdot 10^1) + \underline{67}$$

Finalmente,

$$67 = 4 \cdot (16) + \underline{3},$$

logo,

$$1987 = 124 \cdot 16 + 3$$

| $x$ | 1 | 2 | 3  | 4  | 5  | 6  | 7  |
|-----|---|---|----|----|----|----|----|
| 1   | 1 | 2 | 3  | 4  | 5  | 6  | 7  |
| 2   | 2 | 4 | 6  | 10 | 12 | 14 | 16 |
| 3   | 3 | 6 | 11 | 14 | 17 | 22 | 25 |
| 4   | 4 | 10| 14 | 20 | 24 | 30 | 34 |
| 5   | 5 | 12| 17 | 24 | 31 | 36 | 43 |
| 6   | 6 | 14| 22 | 30 | 36 | 44 | 52 |
| 7   | 7 | 16| 25 | 34 | 43 | 52 | 61 |

**FIGURA 6.5** Tabuada para base 8.
*Fonte:* O autor

Deixe-me tentar fazer isso com base 8 para dar uma visão melhor da estrutura do algoritmo. Posso precisar de uma tabuada, como a da Figura 6.5.

E $1567_8$ dividido por $14_8$? Bem,

$$\begin{array}{r} 111_8 \\ 14_8 \overline{)1567_8} \\ \underline{14_8}\phantom{00} \\ 16_8\phantom{0} \\ \underline{14_8}\phantom{0} \\ 27_8 \\ \underline{14_8} \\ 13_8 \end{array}$$

Simples, não?

### PROBLEMA 6.4

Divida $2763_8$ por $15_8$.

## ARITMÉTICA DO RELÓGIO E MODULAR

Até aqui, escrevi sobre os números inteiros e as aplicações usuais das operações aritméticas. No entanto, existem situações em que essas aplicações tradicionais não são aplicáveis. Você já pensou, por exemplo, em como se somam os minutos em um relógio? (Os segundos se comportam de maneira semelhante com relação aos minutos, as horas com relação aos dias e os dias com relação aos anos.) Em vez de somar uma linha de números,

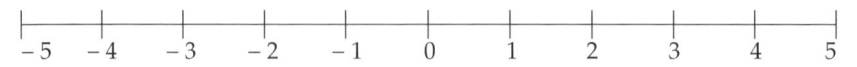

$$-5 \quad -4 \quad -3 \quad -2 \quad -1 \quad 0 \quad 1 \quad 2 \quad 3 \quad 4 \quad 5$$

soma-se em um círculo.

*Fonte:* O autor.

Assim, concentrando-nos no ponteiro dos minutos, temos

$$\begin{array}{r} 1 \text{ hora e } 59 \text{ minutos} \\ + \phantom{1 \text{ hora e }} 2 \text{ minutos} \\ \hline 2 \text{ horas } 1 \text{ minuto} \end{array}$$

A subtração é igualmente complicada:

$$\begin{array}{r} 2 \text{ horas e } 1 \text{ minuto} \\ - \phantom{2 \text{ horas e }} 2 \text{ minutos} \\ \hline 1 \text{ hora e } 59 \text{ minutos} \end{array}$$

E assim, girando o ponteiro dos minutos, é a multiplicação:

$$5 \cdot 54 \text{ minutos} = 270 \text{ minutos}$$
$$= 6 \text{ horas e } 30 \text{ minutos}$$

Tudo isto parece ser muito diferente e muito mais complicado do que a aritmética comum em um sistema de base 10.

No entanto, Karl Friedrich Gauss, em meados do século XVIII, mostrou com a noção de congruência que a aritmética do relógio é muito mais óbvia e um pouco mais intrigante do que poderia parecer à primeira vista. Gauss (apud ORE, 1948, p. 212) introduz suas congruências com a seguinte definição:

> Dois números inteiros $a$ e $b$ são considerados congruentes para o módulo $m$ quando a sua diferença $a - b$ é divisível pelo número inteiro $m$.

Ele expressa isso na declaração simbólica

$$a \equiv b \pmod{m}$$

Quando $a$ e $b$ não são congruentes, eles são chamados de incongruentes para o módulo $m$, e isso é escrito

$$a \not\equiv b \pmod{m}$$

Deixe-me ilustrar as definições com alguns exemplos. Sabemos, por exemplo, que

$$26 \equiv 16 \pmod{5}$$

porque a diferença $26 - 16 = 10$ é divisível por 5. Além disso,

$$59 \equiv 1 \pmod{60}$$

porque 59 − (−1) = 60 é divisível por 60, enquanto

$$3 \not\equiv 11 \pmod 7$$

porque 3 − 11 = − 8 não é divisível por 7.

Uma definição alternativa de congruência que será útil é a de que $b$ é congruente com $a$ quando for diferente de $a$ por um múltiplo de $m$:

$$b = a + k \cdot m$$

Em nossos exemplos acima,

$$26 = 16 + 2 \cdot 5$$

e

$$59 = (-1) + 1 \cdot 60$$

Finalmente, observo que se

$$n = q \cdot d + r$$

então

$$n \equiv r \pmod d$$

Por exemplo,

$$26 = 4 \cdot 5 + 6$$

e, permitindo os restos negativos,

$$59 = 1 \cdot 60 + (-1)$$

Assim, a aritmética das congruências é a média aritmética dos restos.

Vamos dar uma olhada em algumas das indicações dessa aritmética. Aqui estão algumas propriedades básicas da congruência que consideramos úteis.

1. **Reflexividade.** Tenho

$$a \equiv a \pmod m$$

para qualquer módulo $m$.

*Prova*: Observo que $a - a = 0$ é um múltiplo de qualquer número $m$ (isto é, $m \cdot 0 = 0$).

2. **Simetria.** Quando

$$a \equiv b \pmod m$$

também tenho

$$b \equiv a \pmod m$$

*Prova*: A diferença $a - b$ é apenas a diferença $b - a$ com sinal invertido. Então, se $a - b$ é divisível por $m$, $b - a$ também o é.

3. **Transitividade.** Quando

$$a \equiv b \pmod m \text{ e } b \equiv c \pmod m$$

depois
$$a \equiv c \pmod{m}$$
*Prova*: Para provar isso, preciso apenas observar que
$$a - c = (a - b) + (b - c)$$
é divisível por $m$, já que $a - b$ e $b - c$ são divisíveis por $m$.

4. **Aditividade.** Se
$$a \equiv b \pmod{m}$$
$$c \equiv d \pmod{m}$$
então
$$(a + c) \equiv (b + d) \pmod{m} \qquad (B)$$
e
$$(a - c) \equiv (b - d) \pmod{m} \qquad (C)$$
*Prova*: Só preciso observar que
$$(a + c) - (b + d) = (a - b) + (c - d)$$
$$(a - c) - (b - d) = (a - b) - (c - d)$$
e $(a + c) - (b + d)$ e $(a - c) - (b - d)$ são divisíveis por $m$, já que $a - b$ e $c - d$ são divisíveis por $m$.

5. **Multiplicatividade.** Para qualquer número inteiro $k$, se
$$a \equiv b \pmod{m}$$
logo
$$k \cdot a \equiv k \cdot b \pmod{m}$$
*Prova*: Só preciso observar que
$$k \cdot a - k \cdot b = k(a - b)$$
Daí $k \cdot a - k \cdot b$ é divisível por $m$ porque um é congruente com $b$.

Vamos ver como tudo isso funciona no relógio. Tratarei do ponteiro dos minutos. Por reflexividade,
$$2 \equiv 2 \pmod{60}$$
$$59 \equiv 59 \pmod{60}$$
assim sua soma (usando a aditividade) seria
$$61 \equiv 61 \pmod{60} \quad \text{(usando aditividade)}$$
No entanto,
$$61 \equiv 1 \pmod{60} \quad \text{(Isto é, } 61 - 1 = 1 \cdot 60\text{)}$$
então, por transitividade,
$$2 + 59 \equiv 1 \pmod{60}$$

Da mesma maneira,
$$1 \equiv 1 \pmod{60}$$
$$2 \equiv 2 \pmod{60}$$
Assim, a diferença seria
$$-1 \equiv -1 \pmod{60}$$
No entanto,
$$-1 \equiv 59 \pmod{60} \quad (\text{Isto é}, -1 - 59 = -1 \cdot 60).$$
então, por transitividade,
$$1 - 2 \equiv 59 \pmod{60}$$
Até aqui, tudo bem. E a multiplicação? Bom,
$$5 \cdot 54 \equiv 270 \pmod{60}$$
de modo que
$$270 \equiv 30 \pmod{60} \quad (\text{Isto é}, 270 - 30 = 4 \cdot 60.)$$
Isso está correto, mas deixe-me fazê-lo de outra forma:
$$54 \equiv -6 \pmod{60} \quad (\text{Ou seja}, 54 - (-6) = 1 \cdot 60.)$$
assim, por multiplicatividade,
$$5 \cdot 54 \equiv -5 \cdot -6 \pmod{60}$$
$$\equiv -30 \pmod{60}$$
Agora
$$-30 \equiv 30 \pmod{60} \quad (\text{Isto é}, -30 - 30 = -1 \cdot 60.)$$
então, por transitividade,
$$5 \cdot 54 \equiv 30 \pmod{60}$$
Tudo isso, sugiro, parece economizar uma quantidade considerável de multiplicação e divisão, e merece ser mais explorado.

**PROBLEMA 6.5**

Apresente a menor solução não negativa para cada um dos seguintes, e explique o seu raciocínio.

a. $245 \equiv ? \pmod{60}$
b. $250 \equiv ? \pmod{60}$
c. $490 \equiv ? \pmod{60}$

# REGRAS DE DIVISIBILIDADE

Um elemento básico do ensino fundamental é o tema da divisibilidade. Por exemplo, podemos perguntar aos alunos se 156793452 é divisível por 2, e muitos deles nos dirão que sim, se um número termina em 0, 2, 4 ou 8. Outra questão matemática interessante é se esse número é divisível por 3. Isso parece mais difícil, embora se verifique que, se a soma dos algarismos é divisível por 3, o número também o é. Um recurso interessante da congruência é que ela torna isso razoavelmente óbvio.

Deixe-me demonstrar, começando com um número menor, como 2241. Em notação científica, esta é

$$2 \cdot 10^3 + 2 \cdot 10^2 + 4 \cdot 10^1 + 1 \cdot 1$$

Sei que

$$10 \equiv 1 \pmod{3} \quad \text{(Isto é, } 10 - 1 = 3 \cdot 3\text{.)}$$

e, assim, por multiplicatividade,

$$10^n \equiv 1 \pmod{3}$$

para qualquer $n > 0$. Também sei que

$$4 \cdot 10^n \equiv 4 \cdot 1 \pmod{3} \quad \text{(por multiplicatividade)}$$

Na verdade, sei que para qualquer número inteiro $a$,

$$a \cdot 10^n \equiv a \cdot 1 \pmod{3}$$

### PROBLEMA 6.6
Prove que, para qualquer número inteiro $a$,

$$a \cdot 10^n \equiv a \cdot 1 \pmod{3}$$

Usando esses fatos e considerando 2241 posição por posição, tenho

$$2 \cdot 10^3 + 2 \cdot 10^2 + 4 \cdot 10^1 + 1 \cdot 1 \equiv 2 \cdot 1 + 2 \cdot 1 + 4 \cdot 1 + 1 \cdot 1 \pmod{3}$$
$$\equiv 9 \pmod{3}$$
$$\equiv 0 \pmod{3}$$

e, portanto, 2241 é divisível por 3. Aplicando isso a 156793452, o resultado é

$$156793452 \equiv 1 + 5 + 6 + 7 + 9 + 3 + 4 + 5 + 2 \pmod{3}$$
$$\equiv 1 + 5 + 6 \pmod{3}$$
$$\equiv 12 \pmod{3}$$
$$\equiv 0 \bmod 3$$

Assim, 156793452 é divisível por 3.

### PROBLEMA 6.7
(a) Qual é a regra de divisibilidade por 9? Explique seu raciocínio. (b) Qual é a regra de divisibilidade por 11? Explique o seu raciocínio.

## A PROVA DOS NOVE

Imagine que você tenha trabalhado em um problema de multiplicação mais ou menos longo, por exemplo, $4321 \times 726$ – e obtido a resposta de 3127046. Você poderia, é claro, verificar dividindo 3127046 por 726 para ver se obtém um quociente de 4321. No entanto, também pode verificar pela prova dos nove, da seguinte forma:

| | | | |
|---|---|---|---|
| 4321: | $4 + 3 + 2 + 1 = 10$ | e | $10 - 9 = 1$ |
| 726: | $7 + 2 + 6 = 15$ | e | $15 - 9 = 6$ |
| 3127046: | $3 + 1 + 2 + 7 + 0 + 4 + 6 = 23$ | e | $23 - 9 - 9 = 5$ |

O fato de que $1 \times 6 \neq 5$ significa que você multiplicou de forma incorreta. O produto correto é 3137046. Observe que

$$3137046: \quad 3 + 1 + 3 + 7 + 0 + 4 + 6 = 24 \quad \text{e} \quad 24 - 9 - 9 = 6$$

A técnica da prova dos nove ou noves fora é encontrada nas obras de vários autores árabes, por exemplo, al-Khowârizmî (cerca de 825 d. C.) e foi usada para verificar todas as variedades de operações aritméticas. Essa verificação era empregada na aritmética dos Estados Unidos nos anos de 1700, mas foi abandonada no país durante o século XVIII, e reapareceu no século XX.

Como funciona? A técnica é bastante simples. Como se deveria ter mostrado na seção anterior,

$$4321 \equiv 4 + 3 + 2 + 1 \pmod 9$$
$$\equiv 1 \pmod 9$$
$$726 \equiv 7 + 2 + 6 \pmod 9$$
$$\equiv 6 \pmod 9$$

Por multiplicatividade,

$$726 \cdot 4321 \equiv 6 \cdot 4321 \pmod 9$$
$$6 \cdot 4321 \equiv 6 \cdot 1 \pmod 9,$$

logo, por transitividade,

$$726 \cdot 4321 \equiv 6 \cdot 1 \pmod 9$$

Por outro lado,

$$3137046 \equiv 3 + 1 + 3 + 7 + 0 + 4 + 6 \pmod 9$$
$$\equiv 6 \pmod 9$$

### PROBLEMA 6.8
Use a prova dos nove para verificar a adição de 2345789 + 9987234.

Observe que esta prova pode falhar, embora pareça bastante confiável para pequenos erros. Ou seja, você pode ter feito o cálculo incorretamente e a prova não identificar o seu erro. Por exemplo, $28 + 28 \neq 65$, mas a prova dos nove não irá mostrar qualquer erro. Por outro lado, suponha que também tenhamos feito a prova dos onze. Nesse caso

$$28 = 2 \cdot 11 + \underline{6} \quad \text{e} \quad 65 = 5 \cdot 11 + \underline{10} \quad (\text{ou } 6 \cdot 11 + (-1))$$

ou, usando as regras que você concebeu para a divisibilidade por 11,

$$28 \equiv -2 + 8 \pmod{11} \quad \text{e} \quad 65 \equiv -6 + 5 \pmod{11}$$
$$\equiv 6 \pmod{11} \quad\quad\quad\quad\quad\quad \equiv -1 \pmod{11}$$

Assim, a prova dos nove, juntamente com a dos onze, parece um pouco mais confiável.

### PROBLEMA 6.9
Use a prova dos onze para verificar a adição de 2345789 + 9987234.

## PROBLEMAS INDETERMINADOS, MAIS UMA VEZ

As congruências proporcionam as ferramentas ideais para a resolução de problemas lineares indeterminados. Voltemos ao problema das bananas do Capítulo 3:

> Nos arredores reluzentes e refrescantes de uma floresta, que estavam cheios de numerosas árvores com os galhos inclinados pelo peso de flores e frutas, algumas, como cajueiros, tamareiras e mangueiras – cheias de muitos sons de multidões de papagaios e cucos, encontrados próximos a fontes contendo flores de lótus, com as abelhas voando em torno deles, um número de viajantes entrou com alegria.
>
> Há 63 pilhas iguais de bananas e 7 bananas individuais. Elas foram divididas igualmente entre os 23 viajantes. Diga-me o número de frutos em cada pilha.

Como observei naquele momento, se $F$ for o número de bananas em cada pilha e $T$, as bananas atribuídas a cada viajante, eu tenho a equação

$$63 \cdot F + 7 = 23 \cdot T \tag{D}$$

Certo, vamos usar congruências. Bom,

$$63 \cdot F + 7 \equiv 23 \cdot T \pmod 7$$

ou

$$23 \cdot T \equiv 0 \pmod 7$$

assim $2 \cdot T \equiv 0 \pmod 7$, e, assim, para alguns números inteiros $R$, $2 \cdot T = 7 \cdot R$. Então

$$2 \cdot T \equiv 7 \cdot R \pmod 2 \to R \equiv 0 \pmod 2$$

assim, para um número inteiro $S$, $R = 2 \cdot S$, e portanto, $T = 7 \cdot S$. Substituindo este em (D) e fazendo um pouco de álgebra, obtemos

$$9 \cdot F + 1 = 23 \cdot S \tag{E}$$

Agora

$$9 \cdot F + 1 \equiv 23 \cdot S \pmod 9$$

e assim

$$1 \equiv 23 \cdot S \pmod 9 \to 5 \cdot S \equiv 1 \pmod 9$$

Assim, para um número inteiro $U$, $5 \cdot S = 1 + 9 \cdot U$, e

$$5 \cdot S \equiv 1 + 9 \cdot U \pmod 5 \to 4 \cdot U + 1 \equiv 0 \pmod 5$$

Assim, para um número inteiro $V$, $4 \cdot U + 1 = 5 \cdot V$, e, por conseguinte,

$$4 \cdot U + 1 \equiv 5 \cdot V \pmod 4 \to V \equiv 1 \pmod 4$$

Portanto, há um número inteiro $Q$ tal que

$$V = 1 + 4 \cdot Q \tag{F}$$

Certo, substituindo (F) na expressão para $U$,
$$4 \cdot U + 1 = 5 \cdot V$$
e substituindo isso na expressão para $S$,
$$5 \cdot S = 1 + 9 \cdot U$$
e substituindo isso na expressão (E), temos
$$U = 1 + 5 \cdot Q$$
$$S = 2 + 9 \cdot Q$$
e
$$T = 14 + 63 \cdot Q$$
$$F = 5 + 23 \cdot Q$$

### PROBLEMA 6.10

Resolva o seguinte problema usando congruências: Os lápis custam 15 centavos e as borrachas, 10 centavos. Se você precisar gastar exatamente R$2,00, quais são as diferentes combinações de lápis e borrachas que pode comprar?

## INVESTIGAÇÕES

1. Ore (1948, p. 124) fala de uma carta que recebeu durante a Segunda Guerra Mundial de um grupo de soldados "desnorteados" em Guadalcanal. O problema que queriam resolver é o seguinte:

   Um homem tem um teatro com capacidade para 100. Ele quer admitir 100 pessoas em uma proporção tal que lhe permita receber R$1,00 com os seguintes preços: homens, 5 centavos, mulheres, 2 centavos, crianças, 10 por 1 centavo. Quantos de cada podem ser admitidos?

   Apresente uma solução para ajudar a esses soldados. [*Dica*: Se escrever as condições, você tem as duas equações simultâneas
   $$x + y + z = 100$$
   $$5x + 2y + \frac{z}{10} = 100$$
   em que $x$ é o número de homens, $y$ é o número de mulheres e $z$ é o número de crianças. Elimine uma das variáveis entre essas duas equações e resolva por meio de congruências.]

2. Em 1640, Pierre de Fermat afirmou, em essência,[4] que, para qualquer número inteiro $N$ e qualquer número primo $p$,
   $$N^p \equiv N \pmod{p}$$

   Leonard Euler, em 1736, foi o primeiro a publicar uma prova. Façamos uma prova. Vou lhe pedir para justificar alguns dos passos que dei.
   Bem, a afirmação de Fermat (isto se chama Pequeno Teorema de Fermat) certamente é verdadeira se $N = 0$ ou $p$ for um divisor de $N$. Portanto, vou pressupor que não se trata de nenhum desses casos e, portanto, que $0 < N < p$ [(a) Justifique este passo]. Nesse caso, preciso apenas provar [(b) Justifique esse passo.] que

$$N^{p-1} \equiv 1 \pmod{p}$$

Considere a seguinte sequência de números:

$$N, 2 \cdot N, 3 \cdot N, \ldots, (p-1) \cdot N \tag{G}$$

e reduza cada módulo $p$. A sequência resultante será um rearranjo [(c) Justifique este passo.] de

$$1, 2, 3, \ldots, (p-1) \tag{H}$$

Se multiplicar os números juntos nestas duas sequências, terei

$$(N) \cdot (2) \cdot (3 \cdot N) \cdot \ldots \cdot ((p-1) \cdot N) \equiv 1 \cdot 2 \cdot 3 \cdot \ldots \cdot (p-1) \pmod{p}$$

ou

$$N^{p-1}(1 \cdot 2 \cdot 3 \cdot \ldots \cdot (p-1)) \equiv 1 \cdot 2 \cdot 3 \cdot \ldots \cdot (p-1) \pmod{p}$$

Anulando [(d) Justifique esse passo.] em ambos os lados, temos

$$N^{p-1} \equiv 1 \pmod{p}$$

como se queria demonstrar.

3. Use o Pequeno Teorema de Fermat para provar que, para um número primo $p$ (diferente de 2 ou 5), há um número inteiro do tipo

$$999999 \ldots 9$$

que é divisível por $p$. Você consegue generalizar esse resultado? Consegue provar algo semelhante para números do tipo a seguir?

$$11111 \ldots 1$$

4. As provas dos nove e dos onze parecem proporcionar verificações aritméticas bastante eficazes, principalmente para operações aritméticas de grandes números. No entanto, como demonstrado com relação aos nove, essas verificações não identificam todos os erros. Crie um erro de adição que as provas de nove e onze não identifiquem.

## NOTAS

1. Se, por exemplo, o meu divisor fosse 26, eu deslocaria um espaço para a direita.
2. Que isso pode ser feito de forma única é pressuposto sem provas.
3. As partes sublinhadas da minha ilustração na página 101 são as que correspondem às etapas do algoritmo convencional de adição.
4. Eu reformulei seu enunciado em notação de congruência.

## REFERÊNCIAS

FUSON, K. C. Developing mathematical power in whole number operations. In: KILPATRICK, J.; MARTIN, W. G.; SCHIFTER, D. (Ed.). *A research companion to NCTM's standards*. Reston: NCTM, 2003.

KARPINSKI, L. C. *The history of arithmetic*. Chicago: Rand McNally, 1925.

NATIONAL COUNCIL OF TEACHERS OF MATHEMATICS. *Principles and standards for school mathematics*. Reston: NCTM, 2000.

ORE, O. *Number theory and its history*. New York: McGraw-Hill, 1948.

# CAPÍTULO 7

## Frações

Até aqui, examinamos com razoável minúcia a arte do cálculo com números inteiros (tratamos principalmente de números inteiros positivos, mas esbocei brevemente a extensão aos inteiros negativos). Agora é hora de introduzir na discussão outra espécie de números. Os *números racionais*, ou, como são comumente chamados, frações,[1] surgem naturalmente em problemas do seguinte tipo:

Nádia quer compartilhar 5 biscoitos com sua amiga Ysabel. Quantos cada uma recebe?

ou

$$? 3 4 = 5$$

Neste capítulo, vamos explorar a noção de frações equivalentes e como se somam, subtraem, multiplicam e dividem frações. Também daremos uma breve olhada na noção de proporcionalidade.

## AS FRAÇÕES A PARTIR DE UMA PERSPECTIVA HISTÓRICA

*Multiplication is vexation,*
*Division is as bad,*
*The Rule of Three perplexes me,*
*And Fractions drive me mad* (KARPINSKI, 1925, p. 121-129)
(A multiplicação é irritante,
A divisão também é ruim,
A Regra de Três me desconcerta,
E as frações são o meu fim.)

As frações sempre foram uma fonte de dificuldades para quem estuda a arte da aritmética. Os primórdios da aritmética babilônica e egípcia exigiam proficiência com frações. No lugar de qualquer noção de numerador e denominador, os egípcios se concentravam em frações unitárias, isto é, frações que têm, essencialmente, um numerador 1 (os dois terços eram a única anomalia). Este sistema evitava ter de lidar com um numerador grande, mas também exigia que se escrevesse uma longa série de frações para quantidades expressas, como sete oitavos. Por exemplo, sete oitavos era escrito como $\frac{1}{2}, \frac{1}{4}, \frac{1}{8}$ ou como $\frac{2}{3}, \frac{1}{8}, \frac{1}{12}$. Isto é,

$$\frac{7}{8} = \frac{1}{2} + \frac{1}{4} + \frac{1}{8}$$

e
$$\frac{7}{8} = \frac{2}{3} + \frac{1}{8} + \frac{1}{12}$$

## PROBLEMA 7.1

(a) Escreva $\frac{3}{5}$ com frações unitárias; (b) escreva $\frac{7}{18}$ com frações unitárias.

Os babilônios usavam frações sexagesimais, isto é, frações com denominadores de 60 e potências de 60 – uma representação que guarda semelhanças com a nossa notação decimal atual. Além disso, a astronomia babilônica influenciou em muito a astronomia grega. Esta influência ainda está presente nos cálculos astronômicos. Por exemplo, os termos *minutos* e *segundos* vêm do latim *minutiae primae, minutiae secundae*, que significam "primeiras frações", "segundas frações" e assim por diante.

Os romanos seguiram o padrão babilônico. A base escolhida foi 12. Símbolos e nomes especiais foram criados e usados para $\frac{1}{12}$ a $\frac{11}{12}$, para $\frac{1}{8}$, bem como meio doze avos, para $\frac{1}{24}, \frac{1}{36}, \frac{1}{48}, \frac{1}{96}, \frac{1}{144}$, até frações menores. Por exemplo,

| | |
|---|---|
| *duella* | $\frac{1}{36}$ |
| *tremissis* | $\frac{1}{216}$ |
| *chalcus* | $\frac{1}{2304}$ |

Esses nomes e símbolos foram usados desde cerca do século X ao XIII (KARPINSKI, 1925).

As frações egípcias, incluindo $\frac{2}{3}$, eram muito usadas na aritmética grega. Como discutido no capítulo anterior, o papiro de Ahmes contém o problema 19 dividido por 8. Como vimos, os resultados eram expressos em frações de unidade. Muitos séculos depois, os papiros gregos incluíram os mesmos problemas, formulados em termos um pouco mais abstratos. Os gregos empregavam frações comuns, bem como frações sexagesimais.

A notação fracionária usada na Índia era semelhante à de hoje, embora omitisse a barra. Assim, $\frac{3}{11}$ seria escrito

$$\begin{array}{c} 3 \\ 11 \end{array}$$

e $8\frac{3}{11}$ era escrito

$$\begin{array}{c} 8 \\ 3 \\ 11 \end{array}$$

Brahmagupta e outros estudiosos indianos deram amplas instruções para as operações básicas com frações. Bháskara (apud KARPINSKI, 1925, p. 126), como um bom exemplo, escreve: "Depois de inverter o numerador e o denominador do divisor, o processo restante para divisão de frações é o da multiplicação."

O tratamento moderno de frações comuns e a terminologia relativa a elas aparecem em *The Grounde of Artes*, de Recorde. No entanto, o termo *fração comum*, ou *fração vulgar*\*, foi cunhado após a introdução de frações decimais, para distinguir as frações comuns regulares e as frações sexagesimais das frações decimais.

## AS FRAÇÕES A PARTIR DE UMA PERSPECTIVA DO DESENVOLVIMENTO

No ensino fundamental, os alunos usam uma variedade de estratégias para resolver os problemas de compartilhamento justo. Por exemplo, ao tentar compartilhar três biscoitos entre duas crianças, outra criança pode dividir cada um dos biscoitos em duas partes iguais (metades) e dar a cada criança uma metade de cada biscoito $\left(\frac{1}{2}+\frac{1}{2}+\frac{1}{2}=\frac{3}{2}\right)$ ou um biscoito e metade do outro $\left(1\frac{1}{2}\right)$. Para entender o processo e a equivalência das duas estratégias, a criança precisa, pelo menos informalmente, reconhecer que

As porções devem ser "justas", ou de igual tamanho.
Três meios significam, literalmente, três "um meios".
Três meios e um e meio representam a mesma quantidade.

A soma de frações não é alvo de muita atenção nos anos iniciais do ensino fundamental. No entanto, algumas crianças compreendem que dois meios $\left(\frac{1}{2}+\frac{1}{2}\right)$ perfazem um inteiro.

### PROBLEMA 7.2

Você tem 3 dúzias de biscoitos para dividir de forma justa entre 5 pessoas. Que fração de uma dúzia cada pessoa vai receber?

Até o início dos anos mais avançados do fundamental, os alunos partem dessas experiências com frações e outras instruções para construir uma concepção das frações baseadas na ideia de parte/todo. Isto é, elas começam a conceber uma fração como um todo constituído por um número específico de partes distintas:

No entanto, os alunos pensam as frações em termos de peças que constituem o conjunto, e não como quantidades individuais resultantes da divisão de uma unidade. Por exemplo, eles frequentemente se referem à fração $\frac{3}{4}$ como "Três pedaços de uma *pizza* ou bolo que é cortado em quatro pedaços" ou dizem: "Você tem três pedaços de *pizza* e existem quatro no total." (MACK, 1995). Por isso, as estratégias informais dos alunos para resolver as questões fracionárias muitas vezes tratam os problemas de fração como problemas de divisão de um número inteiro. O diálogo (MACK, 1995) a seguir ilustra esse pensamento.

**Professora Toich**: Suponha que você tenha duas tortas de limão e coma $\frac{1}{5}$ de uma delas. Quanto lhe resta da torta de limão?
**Ned**: Você teria $1\frac{4}{5}$. Antes de mais nada, você tinha $\frac{5}{5}$. Aí, se você comesse um, você teria quatro pedaços dos cinco, e ainda sobraria uma torta inteira.

À medida que avançam nos anos do ensino fundamental, as crianças param de tratar as frações como um problema de divisão de números inteiros para reconhecê-

---

\* N. de R.T.: No Brasil, frações ordinárias.

-las como uma forma de divisão que leva em conta o tamanho das frações individuais. Você pode dizer que essa evolução acontece na linha de números. O diálogo a seguir é ilustrativo (MACK, 1995).

**Professora Toich:** Finja que você tem $\frac{4}{5}$ de um bolo de chocolate e lhe dou mais $\frac{9}{10}$. Quanto bolo de chocolate que você tem?

**Bob:** [escreveu $\frac{4}{5} + \frac{9}{10} = 1\frac{2}{3}$]. Uns $1\frac{2}{3}$, porque $\frac{4}{5}$ é $\frac{1}{5}$ a menos do que um inteiro e $\frac{9}{10}$ é $\frac{1}{10}$ a menos do que um inteiro, então, ambos são cerca de um inteiro, então, pensei em $\frac{2}{3}$, porque um quinto e um décimo são mais ou menos uns $\frac{2}{3}$, quer dizer, $\frac{1}{3}$.

### PROBLEMA 7.3

Jim recebe $\frac{14}{15}$ de um bolo. Maria recebe $\frac{13}{14}$ de um bolo do mesmo tamanho. "Não é justo", diz Jim, "Maria tem mais bolo do que eu, porque os pedaços dela são maiores!". Maria responde: "Não é verdade. Jim tem mais bolo do que eu, porque ele tem mais pedaços!". Quem tem mais bolo, Maria ou Jim, e por quê?

Os decimais são introduzidos nos últimos anos do ensino fundamental, e as crianças aceitam avidamente a possibilidade de substituir, por exemplo, $\frac{1}{2}$ por 0,5, e voltar aos algoritmos de quando tinham menos idade.

## ARITMÉTICA DE FRAÇÕES

Como já mencionei, a maioria das discussões sobre frações no ensino fundamental é baseada na noção de todo (ou, pode-se dizer, de unidade) e em problemas de divisão associados a isso. No entanto, vou situar minha discussão sobre a aritmética de frações na linha de números e conceber uma fração como uma espécie de grandeza.

Especificamente (como fiz com inteiros negativos, e por razões muito semelhantes), vou começar definindo fração como a solução $x$ para uma equação do tipo[2]

$$b \cdot x = a \qquad\qquad 5 \cdot x = 2 \qquad\qquad \text{(A)}$$

onde $a$ e $b$ são inteiros e $b \neq 0$. Neste caso, $b$ é o número de partes no conjunto e $a$ é o número das partes que estou selecionando. A fração $x$ é a parte – isto é, $a$ em $b$ partes – que separo do todo. Ou seja, se eu separar o todo em 5 partes e escolher duas dessas peças, separei $\frac{2}{5}$ do todo.

Essa definição me permitirá desenvolver algoritmos para frações que (como os desenvolvidos para os inteiros negativos) resultam naturalmente da estrutura da matemática. Quando $a = 1$, tenho

$$b \cdot x = 1 \qquad\qquad 5 \cdot x = 1 \qquad\qquad \text{(A)}$$

Isto é, $x$ é a fração $\frac{1}{b}$ e, consequentemente, uma das $b$ subdivisões iguais de unidade. Por exemplo, uma das cinco partes iguais deste retângulo unitário é representada por uma fração unitária $\frac{1}{5}$:

## Frações equivalentes

A quantidade de $\frac{1}{2}$ é a solução da equação

$$2 \cdot x = 1 \qquad\qquad 2 \cdot \frac{1}{2} = 1$$

No entanto, também é a solução da equação

$$4 \cdot x = 2 \qquad\qquad 4 \cdot \frac{1}{2} = 2$$

Na verdade, se $k$ é um número inteiro diferente de zero, $\frac{1}{2}$ é a solução de qualquer equação do tipo

$$2k \cdot x = k \qquad\qquad 2 \cdot 4 \cdot \frac{1}{2} = 4$$

assim como o são todas as frações do tipo $\frac{k}{2k}$. Dizemos (e isso pode ser um resquício da concepção parte-todo sobre fração) que $\frac{1}{2}$ é equivalente a $\frac{k}{2k}$ na linha de números, claro,

$$\frac{1}{2} = \frac{k}{2k} \qquad\qquad \frac{1}{2} = \frac{4}{2 \cdot 4}$$

Uma parte do currículo fundamental de matemática tem seu foco em determinar quando duas frações são equivalentes e representar uma fração de uma maneira equivalente mais útil (essencialmente, o que denominamos *redução*). A primeira dessas tarefas é simples. Digamos que haja frações

$$x \text{ e } y \quad (\text{isto é, } \tfrac{a}{b}, \tfrac{c}{d}) \qquad\qquad x \text{ e } y \quad (\text{isto é, } \tfrac{2}{3}, \tfrac{8}{12})$$

satisfazendo as equações

$$b \cdot x = a \qquad\qquad 3 \cdot x = 2$$
$$d \cdot y = c \qquad\qquad 12 \cdot y = 8$$

respectivamente. Queremos determinar quando $x = y$, ou $x - y = 0$. Multiplicando a primeira dessas equações por $d$ e a segunda por $b$, temos

$$d \cdot b \cdot x = d \cdot a \qquad\qquad 12 \cdot 3 \cdot x = 12 \cdot 2$$
$$b \cdot d \cdot y = b \cdot c \qquad\qquad 3 \cdot 12 \cdot y = 3 \cdot 8$$

Subtraindo, temos

$$d \cdot b \cdot x - b \cdot d \cdot y = d \cdot a - b \cdot c \qquad\qquad \begin{array}{l}12 \cdot 3 \cdot x - 3 \cdot 12 \cdot y \\ = 12 \cdot 2 - 3 \cdot 8\end{array} \qquad (\text{R})$$

Teoria dos Números para Professores do Ensino Fundamental    **117**

ou
$$d \cdot b\,(x-y) = d \cdot a - b \cdot c \qquad \boxed{12 \cdot 3 \cdot (x-y) = 12 \cdot 2\ 2\ 3 \cdot 8}$$
então
$$x = y \quad \text{(isto é, } \tfrac{a}{b} = \tfrac{c}{d}\text{)} \qquad \boxed{x = y \quad \text{(isto é, } \tfrac{2}{3} = \tfrac{8}{12}\text{)}}$$
se, e somente se
$$d \cdot a = b \cdot c \qquad \boxed{12 \cdot 2 = 3 \cdot 8} \qquad\qquad (C)$$

Observe que $x > y$ (isto é, $\tfrac{a}{b} > \tfrac{c}{d}$) é equivalente a $x - y > 0$. Isto é equivalente a
$$d \cdot b\,(x-y) > 0$$
e, portanto, de acordo com (B), é equivalente a
$$d \cdot a - b \cdot c > 0$$
ou
$$d \cdot a > b \cdot c \qquad\qquad (D)$$

Por exemplo, $\tfrac{1}{2} > \tfrac{2}{5}$, pois
$$5 \cdot 1 > 2 \cdot 2$$

A segunda dessas tarefas, a *redução*, é um pouco mais complicada. O que precisamos fazer, dada uma fração $\tfrac{a}{b}$, é encontrar um equivalente mínimo. Isso, sugiro, é o mesmo que encontrar o maior número inteiro positivo $k$ tal que $k$ divida $a$ e $k$ divida $b$. Esse $k$, aliás, é chamado de máximo divisor comum de $a$ e $b$. Embora possamos adivinhar o valor de $k$, ele também pode ser determinado sistematicamente.[3]

Para isso, um processo chamado algoritmo de Euclides (que ocorre no sétimo livro de seus *Elementos*) é bastante útil.

*Algoritmo de Euclides*: Vou pressupor, sem perda de generalidade, que $b \geq a$. Divido $b$ por $a$ em relação a menor resto positivo.

$$b = q_1 \cdot a + r_1 \qquad 0 \leq r_1 < a \qquad \boxed{\begin{array}{ccc} b & a & r_1 \\ 63 = 1 \cdot 33 & + & 30 \end{array}}$$

Se $r_1$ não for igual a zero (caso em que o algoritmo acaba), então[4] divido $a$ por $r_1$

$$a = q_1 \cdot r_1 + r_2 \qquad 0 \leq r_2 < r_1 \qquad \boxed{\begin{array}{ccc} a & r_1 & r_2 \\ 33 = 1 \cdot 30 & + & 3 \end{array}}$$

e continuo esse processo em $r_1$ e $r_2$, e assim por diante. Como os restos $r_1, r_2 \ldots$ formam uma ordem decrescente de números inteiros positivos, deve-se, ao final, chegar a uma divisão para a qual $r_{n+1} = 0$.

$$b = q_1 \cdot a + r_1$$
$$a = q_2 \cdot r_1 + r_2$$
$$r_1 = q_3 \cdot r_2 + r_3$$
$$\vdots$$
$$r_{n-2} = q_n \cdot r_{n-1} + r_n$$
$$r_{n-1} = q_{n+1} \cdot r_n + 0$$

$$63 = 1 \cdot 33 + 30$$
$$33 = 1 \cdot 30 + 3$$
$$30 = 10 \cdot 3 + 0$$

Agora $r_n$ é um divisor comum de $a$ e $b$. Podemos ver, no meu último passo, que $r_n$ divide $r_{n-1}$. A penúltima divisão mostra que $r_n$ divide $r_{n-2}$ porque divide os dois termos no lado direito, e assim por diante. Portanto, $r_n$ deve dividir $a$ e $b$. Por outro lado, cada divisor de $a$ e $b$ deve dividir $r_n$. Para ver isso, deixe que $c$ seja um divisor de $a$ e $b$. A seguir, no primeiro passo, $c$ divide $r_1$ e, no segundo, $c$ divide $r_2$. Dando continuidade ao processo, vemos que $c$ divide $r_n$. Assim, cada divisor de $a$ e $b$ divide $r_n$ e, portanto, é o maior divisor comum de $a$ e $b$.

Examinemos um exemplo. Digamos que eu queira reduzir a fração $\frac{63.020}{76.084}$ a seus termos mais baixos. Tenho

$$76.084 = 63.020 \cdot 1 + 13.064$$
$$63.020 = 13.064 \cdot 4 + 10.764$$
$$13.064 = 10.764 \cdot 1 + 2.300$$
$$10.764 = 2.300 \cdot 4 + 1.564$$
$$2.300 = 1.564 \cdot 1 + 736$$
$$1.564 = 736 \cdot 2 + 92$$
$$736 = 92 \cdot 8$$

Assim, o maior divisor comum é 92 e, portanto,

$$\frac{63.020}{76.084} = \frac{92 \cdot 685}{92 \cdot 827}$$
$$= \frac{685}{827}$$

**PROBLEMA 7.4**

Como sabemos que esta é a *menor* redução? Suponha que não seja, e mostre que essa suposição leva a uma contradição.

**PROBLEMA 7.5**

Qual é o maior divisor comum de (a) 2754 e 34, (b) 101 e 435?

## Algoritmos de adição e subtração de frações

A adição de frações, à primeira vista, parece bastante diferente da adição de números inteiros, em parte porque insistimos em expressar uma soma de frações como um único número (nisso diferimos, por exemplo, dos egípcios, para quem apenas indicar a adição das frações unitárias era permitido) e em parte devido a uma possível variação no todo (ou, efetivamente, denominador) entre as frações na soma. Essa última diferença, no entanto, aparece na aritmética de números inteiros quando consideramos a ideia análoga de unidades. Como exemplo, se eu fosse somar

$$5 \text{ jardas} + 4 \text{ pés}$$

Precisaria converter as 5 jardas e os 4 pés a polegadas ou converter as 5 jardas em pés. Isto é,

$$5 \cdot 36 \text{ polegadas} + 4 \cdot 12 \text{ polegadas} = 228 \text{ polegadas}$$

ou

$$5 \cdot 3 \text{ pés} + 4 \text{ pés} = 19 \text{ pés}$$

Relembrando a forma como defini frações, observe que surgem considerações semelhantes quando quero somar as frações

$x$ e $y$ (isto é, $\frac{a}{b}, \frac{c}{d}$) $\qquad\qquad$ $x$ e $y$ (isto é, $\frac{2}{3}, \frac{8}{12}$)

satisfazendo as equações

$$b \cdot x = a \qquad\qquad 3 \cdot x = 2$$
$$d \cdot y = c \qquad\qquad 12 \cdot y = 8$$

Certamente tenho

$$b \cdot x + d \cdot y = a + c \qquad\qquad 3 \cdot x + 12 \cdot y = 2 + 8$$

No entanto, isto não leva necessariamente a uma expressão para $(x + y)$, a menos que $b = d$. Nesse caso,

$$b \cdot x + b \cdot y = a + c$$

ou

$$b \cdot (x + y) = a + c$$

o que, em nossa notação tradicional para frações, é representado como

$$\frac{a}{b} + \frac{c}{d} = \frac{a + c}{b}$$

No entanto, quando $b \neq d$, devo converter essas quantidades em unidades equivalentes. Para isso, faço o seguinte: multiplico a expressão de $x$ por $d$ e a expressão de $y$ por $b$.

$$d \cdot b \cdot x = d \cdot a \qquad\qquad 12 \cdot 3 \cdot x = 12 \cdot 2$$
$$b \cdot d \cdot y = b \cdot c \qquad\qquad 3 \cdot 12 \cdot y = 3 \cdot 8$$

Como já mencionado anteriormente, isso equivale a converter $x$ e $y$ em frações equivalentes com a unidade (ou denominador) de $b \cdot d$. A soma dá

$$d \cdot b \cdot x - b \cdot d \cdot y = d \cdot a - b \cdot c \quad \boxed{12 \cdot 3 \cdot x - 3 \cdot 12 \cdot y = 12 \cdot 2 + 3 \cdot 8}$$

ou

$$d \cdot b \cdot (x + y) = d \cdot a + b \cdot c \quad \boxed{12 \cdot 3 \cdot (x + y) = 12 \cdot 2 + 3 \cdot 8}$$

Neste caso, escrevo em nossa notação tradicional

$$\frac{a}{b} + \frac{c}{d} = \frac{d \cdot a + b \cdot c}{d \cdot b} \quad \boxed{\frac{2}{3} + \frac{8}{12} = \frac{12 \cdot 2 + 3 \cdot 8}{3 \cdot 12}}$$

A quantidade $d \cdot b$ é chamada de *denominador comum*. Isto é, há números inteiros $u$ e $v$ (neste caso, $u = v = d$ e $b$), de tal forma que

$$b \cdot u = d \cdot b \quad \boxed{3 \cdot \underline{12} = 36}$$
$$d \cdot v = d \cdot b \quad \boxed{12 \cdot \underline{3} = 36}$$

No entanto, $d \cdot b$ pode não ser o *mínimo* denominador comum. Por exemplo, se eu quiser somar $\frac{1}{6}$ e $\frac{1}{4}$, um denominador comum é $6 \cdot 4 = 24$ e tenho

$$\frac{1}{6} + \frac{1}{4} = \frac{4}{24} + \frac{6}{24}$$
$$= \frac{10}{24}$$
$$= \frac{5}{12}$$

No entanto, também posso escrever

$$\frac{1}{6} + \frac{1}{4} = \frac{2}{12} + \frac{3}{12}$$
$$= \frac{5}{12}$$

onde 12 é o *mínimo* denominador comum.[5]

Qual é o *mínimo* denominador comum? Em termos práticos, é o menor número positivo $m$ tal que

$$\frac{a}{b} = \frac{s}{m} \quad \text{e} \quad \frac{c}{d} = \frac{t}{m} \qquad (s \text{ e } t \text{ são números inteiros})$$

No que segue, vou indicar o mínimo denominador comum das frações $\frac{a}{b} + \frac{c}{d}$ por $[b, d]$. Acontece que o mínimo denominador comum $[b, d]$ e o máximo divisor comum $D$ têm muito em comum. Isto é,

$$[b, d] = \frac{b \cdot d}{D} \tag{E}$$

*Prova*: Como $D$ é o máximo divisor comum, posso escrever $b$ e $d$ na forma

$$b = k_1 \cdot D \qquad \text{(Fa)}$$
$$d = k_2 \cdot D \qquad \text{(Fb)}$$

para inteiros positivos $k_1$ e $k_2$. Assim,

$$\frac{b \cdot d}{D} = k_1 \cdot d$$

$$\frac{b \cdot d}{D} = k_2 \cdot b$$

assim, por definição, $\frac{b \cdot d}{D}$ é um divisor comum.

Agora, preciso mostrar que $\frac{b \cdot d}{D}$ é o mínimo divisor comum. Pressuponha que não seja. Então

$$\frac{b \cdot d}{D} = q \cdot [b,d] + r, \qquad 0 \leq r < [b,d]$$

pois $q > 1$. Considerando-se que $\frac{b \cdot d}{D}$ e $[b,d]$ são, em virtude de ser denominadores comuns, ambos divisíveis por $b$ e $d$, segue que o resto $r$ também é divisível por $b$ e $d$. Considerando-se que $[b,d]$ é o mínimo denominador comum, isto é, o menor número possível ao qual isso se aplica, conclui-se que $r = 0$, e, portanto, $[b,d]$ divide a $\frac{b \cdot d}{D}$. Isto é,

$$k_1 \cdot d = q \cdot [b,d] \qquad \text{(Ga)}$$
$$= q \cdot r_2 \cdot d$$
$$k_2 \cdot b = q \cdot [b,d] \qquad \text{(Gb)}$$
$$= q \cdot r_1 \cdot b$$

porque $[b,d]$ é um denominador comum e, por definição,

$$[b,d] = r_1 b$$
$$[b,d] = r_2 b$$

para números inteiros positivos $r_1$ e $r_2$.

Fatorando $d$ e $b$, respectivamente, em (G), temos

$$k_1 = q \cdot r_2$$
$$k_2 = q \cdot r_1$$

e, portanto, a partir de (F),

$$b = q \cdot r_2 \cdot D$$
$$d = q \cdot r_1 \cdot D$$

Assim, $b$ e $d$ têm o fator $q \cdot D$ em comum. Isso é uma contradição, porque $D$ é o máximo divisor comum. Logo

$$[b,d] = \frac{b \cdot d}{D}$$

## PROBLEMA 7.6

Mostrei anteriormente que o máximo divisor comum dos números 76.084 e 63.020 é 92. Qual é o mínimo denominador comum das frações de $\frac{25}{76.084}$ e $\frac{37}{63.020}$?

## Algoritmos para multiplicação e divisão de frações

Os algoritmos para multiplicação e divisão de frações são uma consequência até certo ponto natural dos algoritmos usados para números inteiros. Digamos que precise determinar o produto $xy$, onde

$$x = \frac{a}{b},\ y = \frac{c}{d} \qquad\qquad x = \frac{2}{3},\ y = \frac{8}{12}$$

Agora,

$$b \cdot x = a \qquad\qquad 3 \cdot x = 2$$
$$d \cdot y = c \qquad\qquad 12 \cdot y = 8$$

Multiplicando estas equações, temos

$$d \cdot y \cdot b \cdot x = c \cdot a \qquad\qquad 12 \cdot y \cdot 3 \cdot x = 8 \cdot 2$$

e uma reorganização resulta em

$$d \cdot b \cdot (x \cdot y) = c \cdot a \qquad\qquad 12 \cdot 3 \cdot (x \cdot y) = 8 \cdot 2$$

Isto é,

$$x \cdot y = \frac{a \cdot c}{b \cdot d} \qquad\qquad x \cdot y = \frac{2 \cdot 8}{3 \cdot 12}$$

Assim, o cálculo do produto de duas frações é relativamente simples, mas o que tudo isso significa pode não ser absolutamente evidente. Se fosse eu considerar o produto de números inteiros, digamos 3 vezes 4, poderia explicar isso na forma de três grupos de quatro. Se estivesse multiplicando, digamos $\frac{1}{3}$ vezes 3, poderia explicá-la como uma subtração de $\frac{1}{3}$ de 3 ou, de forma equivalente, uma divisão de 3 em três grupos e a subtração de um deles. E $\frac{2}{3}$ de 3? Isso poderia explicar como a divisão de 3 em três grupos e a subtração de 2 a partir desses grupos.

E o produto de $\frac{5}{8}$ e $\frac{7}{12}$? Isso posso explicar como a divisão de $\frac{7}{12}$ em 8 grupos e a subtração de 5 a partir deles. Para ilustrar, digamos que eu divida, de forma a representar $\frac{7}{12}$, o retângulo a seguir em 12 partes e sombreie 7 delas.

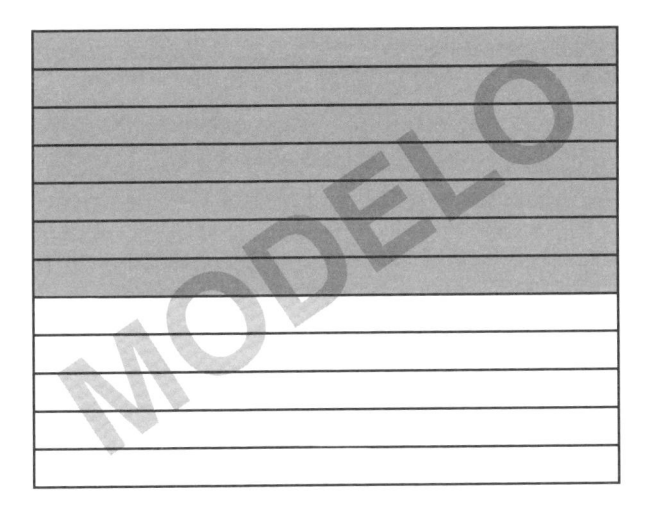

Agora, tiro $\frac{5}{8}$ dividindo o retângulo em 8 partes e tirando 5 delas.

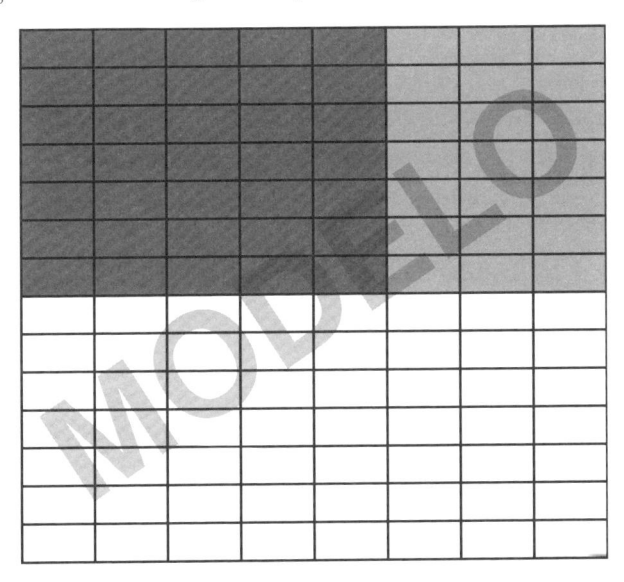

Observe que $\frac{7}{12} \cdot \frac{5}{8} = \frac{35}{96}$ e que, na matriz acima, uma única célula é um 96 avos do total e tirei 35 delas.

### PROBLEMA 7.7
Use o modelo da matriz para calcular $\frac{1}{3}$ vezes $\frac{3}{7}$.

Antes de derivar o algoritmo convencional para a divisão de frações, vamos pensar no que significa dividir um número, digamos, 6, por outro, como 2. Em certo sentido, significa encontrar quantos grupos de 2 existem em 6. E $\frac{3}{4}$ dividido por $\frac{1}{2}$? Usando a mesma lógica, pergunto: "Quantos grupos de $\frac{1}{2}$ há em $\frac{3}{4}$?". Bom, quantos grupos de $\frac{1}{2}$ *existem* em $\frac{3}{4}$? Considere a seguinte representação gráfica. A barra superior é dividida em quartos e eu, à moda antiga, sombreio três deles. A barra inferior é dividida em duas metades e sombreio uma delas.

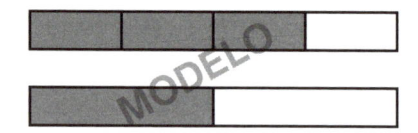

É possível ver um grupo de $\frac{1}{2}$ com $\frac{1}{4}$ sobrando, e esse $\frac{1}{4}$ é $\frac{1}{2}$ de um grupo de $\frac{1}{2}$, portanto, existem $1\frac{1}{2}$ grupos de $\frac{1}{2}$ em $\frac{3}{4}$.

Outra maneira de olhar para tudo isso é a partir da perspectiva egípcia de divisão:[6]

$$1 \text{ vezes } \tfrac{1}{2} = \tfrac{1}{2} \quad \text{(agora tenho um resto de } \tfrac{1}{4}\text{.)}$$
$$\tfrac{1}{2} \text{ vezes } \tfrac{1}{2} = \tfrac{1}{4}$$

A soma desses dá o quociente de $1\frac{1}{2}$.

## PROBLEMA 7.8

Use o método gráfico para calcular (a) $1\frac{1}{4}$ dividido por $\frac{1}{2}$ e (b) $1\frac{1}{2}$ dividido por $\frac{3}{4}$.

Agora, o algoritmo convencional: aplico a definição tradicional de divisão, mas não haverá necessidade (como já indicado nos exemplos) de um termo restante. Quero determinar $q$, onde

$$x = q \cdot y \quad \text{(H)}$$

e

$$x = \frac{a}{b}, y = \frac{c}{d} \qquad\qquad x = \frac{2}{3}, y = \frac{8}{12}$$

Como de costume, temos

$$b \cdot x = a \qquad\qquad 3 \cdot x = 3 \quad \text{(Ia)}$$
$$d \cdot y = c \qquad\qquad 12 \cdot y = 8 \quad \text{(Ib)}$$

Multiplicando ambos os lados de (H) por $b \cdot d$, temos

$$b \cdot d \cdot x = b \cdot d \cdot q \cdot y \qquad\qquad 3 \cdot 12 \cdot x = 3 \cdot 12 \cdot q \cdot y$$

e reorganizando, temos

$$d \cdot (b \cdot x) = b \cdot q \cdot (d \cdot y) \qquad\qquad 12 \cdot (3 \cdot x) = 3 \cdot q \cdot (12y)$$

Substituindo as expressões para $b \cdot x$ e $d \cdot y$ em (I), temos

$$d \cdot a = b \cdot q \cdot c \qquad \boxed{12 \cdot 2 = 3 \cdot q \cdot 8}$$

e reorganizando, temos

$$b \cdot c \cdot q = a \cdot d \qquad \boxed{3 \cdot 8 \cdot q = 2 \cdot 12}$$

Isto é, a fração de $q$ (o quociente) é

$$\frac{a \cdot d}{b \cdot c} \qquad \boxed{\frac{2 \cdot 2}{3 \cdot 8}}$$

ou o produto das frações $\frac{a}{b}$ e $\frac{d}{c}$.

A fração $\frac{d}{c}$ é chamada de *recíproco* da fração $\frac{c}{d}$. Para ver isto, observe que o uso da fração $\frac{d}{c}$ é a solução da equação.

$$c \cdot z = d$$

assim como $\frac{c}{d}$ é uma solução para a equação

$$d \cdot y = c$$

Multiplicando estas duas equações, temos

$$c \cdot d \cdot (y \cdot z) = c \cdot d$$

e dividindo por $c \cdot d$ em ambos os lados, temos

$$y \cdot z = 1$$

Isto é, $z = \frac{d}{c}$ é o inverso, ou recíproco, de $y = \frac{c}{d}$.

## RAZÕES E PROPORCIONALIDADE

As noções sobre razões e proporções remontam a antes de Euclides. Na época de Euclides, expressões do tipo $a : b$ eram usadas para dar nome a razões. Hoje, usamos a representação $\frac{a}{b}$ para designar razões, bem como frações. O que é uma razão? A definição que vou usar aqui[7] é a seguinte:.

> Uma razão é um número relacional que possui duas propriedades: (1) relaciona duas quantidades em uma situação e (2) projeta essa relação sobre uma segunda situação, em que os valores relativos a duas quantidades permanecem os mesmos. (SMITH, 2002).

Por exemplo, suponha que um time de futebol faça 11 gols em 5 jogos. Alguém pode usar a razão "11 gols, cinco jogos" para estimar quantos gols a equipe marcaria em uma temporada de 15 jogos (ou seja, 33 gols, 15 jogos). A primeira propriedade é exemplificada por *marcar em 5 jogos*, e a segunda propriedade é exemplificada por *marcar até o final do campeonato*. Assim, pensar em uma razão é equivalente ao que muitas vezes se chama de *raciocínio proporcional*, com uma exceção importante. O raciocínio proporcional é um tipo de pensamento; não é uma questão de escrever uma determinada expressão no papel.

As razões têm uma estrutura multiplicativa. Pensar com uma razão no contexto do campeonato de futebol envolve replicar os 11 gols em cada grupo de cinco jogos. Por exemplo,

|11 gols, 5 jogos  | 11 gols, 5 jogos | 11 gols, 5 jogos|

ou

33 gols, 15 jogos

Quando há muitas situações em que as quantidades estão na mesma relação multiplicativa, pensar em uma razão equivale a pensar sobre a função

$$f(x) = \frac{11}{5} \cdot x$$

onde o domínio são as partidas disputadas e o intervalo é o número de gols.

Alguns precursores da razão aparecem nos primeiros anos do ensino fundamental. Parece que as crianças desses anos têm noções intuitivas de escala (dois objetos *grandes* sobre a mesa pertencem ao mesmo grupo) e de covariação (se um dos dois objetos associados mudar de tamanho, o outro também deve mudar. Esses precursores parecem sustentar o desenvolvimento posterior da estratégias sensíveis em situações proporcionais (SMITH, 2002).

Nos anos do ensino fundamental mais avançados – geralmente, no 6º – as crianças costumam ser expostas a problemas do tipo (SMITH, 2002):

Um restaurante arruma as mesas colocando 7 talheres e 4 pratos em cada lugar. Se usou 35 talheres ao pôr as mesas na noite passada, quantos pratos usou?

ou

Consigo comprar 1 quilo de balas com R$1,20. Quantos quilos consigo comprar com R$1,80?

Na sua solução para o problema dos pratos, os alunos geralmente aumentam o conjunto de 4 peças o mesmo número de vezes que aumentam o conjunto de talheres (ou seja, 5 vezes, para chegar a 20 pratos). Essa estratégia pode ser executada fazendo contagem saltada ou dizendo cada par ordenado e, assim, efetivamente aumentando as quantidades de talheres e pratos a partir da unidade combinada, *7 talheres e 4 pratos*.

Ao longo da história e hoje, as soluções para esses problemas também podem ser calculadas usando a Regra de Três, o método para encontrar o quarto termo de uma proporção matemática quando os três primeiros são conhecidos, e onde o primeiro termo é proporcional ao segundo assim como o terceiro é proporcional ao quarto desconhecido. Por exemplo, no problema dos doces, R$1,20 está para um quilo de doces como R$1,80 está para a quantidade desconhecida de doces. A técnica para o cálculo do quarto termo – o termo *faltante* – é multiplicar o segundo e terceiro termos e então dividir o seu produto com o primeiro, por exemplo,

$$\frac{1 \text{ quilo}}{R\$1{,}20} \cdot R\$1{,}80 = 1\frac{1}{2} \text{ quilo de doces}$$

A técnica de solução é um tanto simples – vou discutir brevemente a razão pela qual ela funciona – mas as crianças consideram difícil aprender ou resistem a usá-la quando aprendem. Não está claro se elas consideram a noção difícil de relacionar ao seu conhecimento anterior de razão ou se ela não corresponde às operações mentais envolvidas na estratégia de *aprimoramento gradual*. (O que, afinal, é um "quilo-real", e o que será R$1,80 deles?)

Por que a técnica de solução funciona? Ela funciona simplesmente porque temos duas razões – por exemplo, antes e depois – que desejamos que sejam equivalentes. Se representarmos a primeira por $\frac{a}{b}$ e a segunda por $\frac{n}{c}$, onde $n$ é desconhecido, então temos, de (A), que

$$a \cdot c = b \cdot n$$

ou

$$n = \frac{ac}{b}$$

Isto é, fazemos uma *multiplicação cruzada*.

### PROBLEMA 7.9
Considere o gráfico de moeda a seguir:

$$\$1.00 \text{ US} = R\$2,20$$
$$\$1.00 \text{ US} = €1,30$$

a. Converta 500 reais em dólares americanos.
b. Converter 500 reais em euros.

## INVESTIGAÇÕES

1. Jéssica sugere-lhe que um método razoavelmente eficiente para aproximar $\sqrt{2}$ – que é aproximadamente 1,414214 – seja
   a. Escolha duas frações de $\frac{a}{b}$ e $\frac{c}{d}$ ($\frac{a}{b} < \frac{c}{d}$) cujo produto seja 2. [Eu vou escolher, por exemplo, $\frac{1}{2}$ e $\frac{4}{1}$].
   b. Calcule a *mediant* somando os numeradores e denominadores $\frac{a+c}{b+d}$. [Para o meu exemplo, tenho $\frac{5}{3}$].
   c. Escolha outra fração $\frac{e}{f}$, de modo que $\left(\frac{a+c}{b+d}\right) \cdot \frac{e}{f} = 2$. [Para o meu exemplo, tenho $\frac{6}{5}$.]
   d. Repita os passos $b$ e $c$ até atingir a precisão desejada. [Para o meu exemplo, $\frac{6}{5} = 1,2$ e os cálculos seguintes dão $\frac{16}{11} = 1,454545$; $\frac{38}{27} = 1,407407$; $\frac{92}{65} = 1,415384$.]
   
   Você está um pouco cético em relação a isso e pergunta a Jéssica se sempre funciona. Jéssica diz que tem bastante certeza de que sim, mas, para prová-lo, ela precisa provar que $\frac{a}{b} < \frac{a+c}{b+d} < \frac{c}{d}$ se aplica a quaisquer duas frações de tal modo que $\frac{a}{b} < \frac{c}{d}$. Dê uma ajuda a Jéssica e prove que essa desigualdade se sustenta.[8]

2. Tony se aproxima de você depois da aula. "Professor Talman", diz ele, "LaShawn e eu estávamos pensando sobre $\frac{16}{64}$. Digo que se pode provar que

$$\frac{16}{64} = \frac{1}{4}$$

mas não se pode provar isso dessa forma. Quem está certo?". Eu, é claro, digo a Tony que ele está errado e lhe dou um contraexemplo. "E $\frac{19}{95}$?". Tony pensa por um minuto e diz, "Mas professor, isso está certo!". Agora temos um problema. Quantas frações de dois dígitos como esta, além das triviais, como $\frac{22}{22}$, existem de qualquer forma? [*Dica*: Você procura frações de forma $\frac{10a+b}{10b+c}$ tal que

$$\frac{10a+b}{10b+c} = \frac{a}{c}$$

e $a < c, b$. Se você simplificar esta equação fazendo multiplicação cruzada, terá

$$9ac + bc = 10ab$$

Use esta equação com o dado que $a$, $b$, e $c$ são dígitos positivos para determinar os valores possíveis $a$, $b$, e $c$.]
3. Prove que a soma dos recíprocos dos divisores de $N$ é

$$\frac{\sigma(N)}{N}$$

onde $\sigma(N)$ é a soma dos fatores de $N$. [*Dica*: O mínimo divisor comum desses divisores será $N$. Você também pode consultar a Investigação 2 do Capítulo 5.]
4. Você pergunta a um aluno do $4^{\underline{o}}$ ano se a seguinte afirmação é verdadeira:

$$\frac{5}{3} = 1\frac{2}{3}$$

O aluno imediatamente diz "sim", e quando você pergunta por quê, ele diz: "Bem, 5 vezes 3 dá 15 (referindo-se ao lado esquerdo) e 2 + 3 é 5 (referindo-se ao lado direito), então você tem 15 igual a 15." Quantos exemplos disso há? E quais são? Aqui está um contraexemplo:

$$\frac{7}{3} = 1\frac{1}{3}$$

mas 21 não é igual a 24.

## NOTAS

1. Note-se que as frações incluem números inteiros e mistos.
2. Nos quadros contornados à direita, são fornecidos exemplos ilustrativos.
3. O que é bom, se (embora eu suspeite que seja bastante improvável) alguém lhe pedir que reduza rapidamente a fração $\frac{63,020}{76,084}$.
4. Observe como o divisor e o resto anteriores se tornam o dividendo e o divisor subsequentes, respectivamente.
5. Observe que $2 \cdot 6 = 12$ e $3 \cdot 4 = 12$.
6. É bem possível que os egípcios não fizessem algo assim.
7. Muito do que discuto aqui é oriundo de SMITH, J. P. The development of students' knowledge of fractions and ratios. In: LITWILLER, B.; BRIGHT, G. (Ed.). *Making sense of fractions, ratios, and proportions*. Reston: NCTM, 2002.
8. Esta é, em certo sentido, um simplificação da técnica de extração de raiz discutida por Domingo León Gómez Morín em sua obra *The Fifth Arithmetical Operation* (ver http://mipagina.cantv.net/arithmetic/index.htm). Se, como indica Morín, você começa com três frações que se multiplicam a 2 e calcula as *mediants* em pares em cada etapa, a aproximação converge de forma muito mais rápida.

# REFERÊNCIAS

KARPINSKI, L. C. *The history of arithmetic*. Chicago: Rand McNally, 1925.

MACK, N. Confounding whole-number concepts and fraction concepts when building on informal knowledge. *Journal for Research in Mathematics Education*, v. 26, n. 5, p. 422-441, nov. 1995.

SMITH, J. P. The development of students' knowledge of fractions and ratios. In: LITWILLER, B.; BRIGHT, G. (Ed.). *Making sense of fractions, ratios, and proportions*. Reston: NCTM, 2002.

# CAPÍTULO

# 8 *Decimais*

Neste capítulo, examinaremos a arte e a prática da aritmética decimal. Especificamente, vamos explorar a matemática por trás de cálculos como

$$
\begin{array}{r}
123{,}52 \\
\times\ \ 23{,}6 \\
\hline
74112 \\
37056\phantom{0} \\
24704\phantom{00} \\
\hline
2915{,}072
\end{array}
$$

Tratarei principalmente de expansões decimais finitas, isto é, números decimais com um número finito de algarismos. No entanto, como a aritmética decimal foi introduzida em grande parte com o objetivo de simplificar os cálculos que envolvem números racionais, vamos examinar a relação entre um certo tipo de expansões decimais infinitas e os números racionais. Um membro dessa classe, o número racional $\frac{1}{3}$, tem, por exemplo, a expansão decimal infinita

$$0{,}333333333333333 \text{ ou } \overline{0{,}3}$$

Essas expansões decimais infinitas curiosamente colocam os racionais (discutidos no capítulo anterior) cara a cara com os reais (o tema do capítulo a seguir).

## OS DECIMAIS A PARTIR DE UMA PERSPECTIVA HISTÓRICA

Mais de mil anos se passaram entre a descoberta da possibilidade de representar todos os números inteiros em um sistema de base 10, com nove símbolos e um zero, e a extensão dessas ideias a frações decimais. Em certo sentido, não havia necessidade dessa inovação, já que aproximações de raízes quadradas e cúbicas, quando necessárias, eram apresentadas em termos do sistema babilônico sexagesimal de frações. Por exemplo, em cerca de 1.900 a. C., sabia-se que

$$\sqrt{2} \approx 1 + \frac{24}{60} + \frac{51}{60^2} + \frac{10}{60^3}$$

No século XIV, no entanto, Johannis de Muris apresentou a raiz quadrada de 2 como l,41,4, dizendo que o 1 representava unidades, o primeiro 4, décimos, o segundo 1, "décimos de décimos", e o segundo 4, décimos de décimos" (KARPINSKI, 1925). Mais tarde, ele ampliou isso, escrevendo o resultado também para vigésimos de vigésimos de vigésimos, finalmente dando o resultado em frações sexagesimais.[1]

Parece que as regras especiais para a divisão por múltiplos de 10, 100 e assim por diante levaram a um ponto decimal real em um problema de um tratado de Francesco Pellizzati, em 1492. E Christian Rudolf, na primeira metade do século XVI, usou frações decimais no cálculo de juros compostos. No entanto, a primeira discussão sistemática de frações decimais foi apresentada por Simon Stevin em 1585. O trabalho era dirigido a astrônomos, topógrafos, mestres moedeiros (da casa da moeda) e todos os comerciantes. Sobre esse trabalho, Stevin diz que ele trata de "algo tão simples, que dificilmente merece o nome de invenção". E acrescenta,

> Vamos falar livremente da grande utilidade desta invenção; digo grande, muito maior do que imagino que qualquer um dos senhores vá suspeitar, e isto sem exaltar nem um pouco a minha própria opinião. ... Porque o astrônomo conhece as multiplicações e divisões difíceis que resultam do avanço com graus, minutos e segundos e terceiros ... [e] o agrimensor, ele vai reconhecer os grandes benefícios que o mundo obteria desta ciência, para evitar ... as multiplicações cansativas em jardas, pés e, muitas vezes, polegadas, que são visivelmente desajeitadas e, muitas vezes, são a causa do erro. O mesmo se aplica aos mestres da casa da moeda, comerciantes, entre outros. ... Mas quanto mais essas coisas mencionadas valem a pena, e os caminhos para alcançá-las são mais trabalhosos, maior ainda é esta descoberta do centavo, que remove todas referidas dificuldades. Mas como? Ela ensina (para dizer muito em uma palavra) a fazer com facilidade, sem frações, todos os cálculos que são encontrados nos assuntos dos seres humanos, de tal forma que os quatro princípios da aritmética, chamados de adição, subtração, multiplicação e divisão, são capazes de atingir esse fim, também causando facilidade semelhante àqueles que usam a tábua de cálculo.[2] Agora, se por este meio se ganhará um tempo precioso, se por este meio se evitarão trabalho, dificuldades, erro, prejuízo e outros acidentes comumente associados a esses cálculos, eu apresento este plano voluntariamente à sua avaliação. (KARPINSKI, 1925 p. 131)

No século XVIII, a utilidade das frações decimais tinha sido demonstrada de forma tão clara que o assunto era tratado regularmente em textos de aritmética da época. Textos em inglês do início do século XVIII costumavam apresentar um amplo tratamento da aritmética decimal. Os textos norte-americanos do século XVIII incluíam discussão completa de decimais, utilizando a palavra *separatriz* para designar o ponto decimal.

## OS DECIMAIS A PARTIR DE UMA PERSPECTIVA DO DESENVOLVIMENTO

Na maioria das escolas do ensino fundamental nos Estados Unidos, as crianças se deparam com os números decimais pela primeira vez no 4º ano, embora seu uso em cálculos extensos comece no 5º*. A essa altura, a maioria das crianças é proficiente com cálculos simples, envolvendo números inteiros, e possui um conhecimento conceitual e processual significativo, o qual pode, com instrução adequada, contribuir para a sua aprendizagem da aritmética decimal.

Porém, os números decimais são parte de um sistema complexo de representação. Os sistemas anteriores de números inteiros e frações comuns, como previu Sevin, foram subsumidos em um sistema único, que é muito elegante e eficiente. Algumas vantagens são que a aritmética com números decimais é construída, até certo ponto, sobre os conceitos e procedimentos já encontrados dentro do sistema de numerador de base 10. Evita também um pouco da complicação percebida em relação aos racionais.

---

\* N. de R.T.: Isso é semelhante ao que acontece com os números decimais no Brasil.

Esse avanço, no entanto, tem um preço. Parece que as crianças muitas vezes reconhecem pouca ou nenhuma conexão entre seu conhecimento conceitual das frações decimais e os procedimentos que usam na aritmética decimal. A ausência dessas ligações pode ser tão ampla e profunda que é como se os dois tipos de conhecimento pertencessem a dois mundos mentais separados (WEARNE; HIEBERT, 1988). Não é incomum, por exemplo, que as crianças erroneamente tentem exagerar a generalização das regras que memorizaram para operações aritméticas com números inteiros. Considere o cenário a seguir.

Os alunos de 5º ano da professora Stowe vêm trabalhando com decimais. Embora tenha discutido a forma de representar números decimais, a turma não discutiu como somá-los. Como aula introdutória, a professora formulou o seguinte problema:

> Finja que você é joalheiro. Às vezes, as pessoas vêm à loja para mudar o tamanho de seus anéis. Quando você corta um anel para torná-lo menor, fica com uma pequena porção do ouro em troca do trabalho que fez. Recentemente, você recolheu as seguintes quantidades:
>
> 1,14 grama, 0,089 grama e 0,3 grama
>
> Agora você tem um trabalho de conserto a fazer, para o qual precisa de um pouco de ouro. Você se pergunta se tem o suficiente. Trabalhe em conjunto com seu grupo para saber quanto ouro você coletou. Esteja preparado para mostrar sua solução à turma.

A professora Stowe circula entre os estudantes que trabalham. Ela para com o objetivo de ouvir Janine, Paulo e Steve. Janine olha para cima e diz: "Nós poderíamos alinhar os números acima à direita, como se faz com outros números." Paulo acrescenta: "Talvez devêssemos alinhar os decimais, mas não sei por que faria isso." A professora responde: "Acho que você está sugerindo que poderia alinhar este problema de forma diferente de como alinha a soma de números inteiros. É isso mesmo?". Paulo concorda. A professora continua: "Por que você alinha números inteiros? Qual é a razão para isso?". Paulo parece intrigado. "Não sei. É só o jeito como se faz. É assim que aprendemos a fazer isso." Steve diz calmamente: "Acho que ajudaria se a gente fizesse um desenho, como os blocos de base 10."

Depois que os grupos concluíram seu trabalho, a turma toda fez um debate. Eric relatou que os alunos do seu grupo representaram o problema da seguinte forma:

$$\begin{array}{r} 1 \phantom{,000} \\ 0{,}3 \phantom{00} \text{ grama} \\ 1{,}14 \phantom{0} \text{ grama} \\ +\,0{,}089 \text{ grama} \\ \hline 1{,}529 \text{ grama} \end{array}$$

Paulo imediatamente pergunta a Eric por que eles decidiram alinhar os números daquela maneira, e Eric responde que o grupo pensou que, assim como acontece com a soma de números inteiros, eles precisavam alinhar os décimos aos décimos e os centésimos aos centésimos para "fazer dar certo".

## ARITMÉTICA DECIMAL

Operações com números decimais finitos – por exemplo, números na forma 1,14 – são bastante simples se tivermos em mente que 1,14 é o número misto

$$1,14 = 1 + \frac{1}{10} + \frac{4}{100}$$

ou, em notação científica,

$$1,14 = 1 \cdot 10^0 + 1 \cdot 10^{-1} + 4 \cdot 10^{-2}$$

Observe que o valor dessas frações é preservado na forma como elas são faladas. Ou seja, 0,1 é dito como "um décimo" e 0,01 é dito como "um centésimo". Como acontece com o uso do termo *emprestar* na subtração, dizer "zero vírgula zero um", infelizmente, destrói esta associação natural.

### PROBLEMA 8.1
Como você diria o número 0,000001? (B) E o número 0,0000031?

## Adição e subtração decimais

Quando temos em mente o que são os decimais, as regras para a aritmética ficam bastante simples. Isto é, somamos números com denominadores semelhantes (ou, por exemplo, representados por potências de 10). Assim, se quiser somar 0,3, 1,14 e 0,089, procederei, com efeito, da seguinte forma:

$$0,3 + 1,14 + 0,089 = \frac{3}{10} + \left(1 + \frac{1}{10} + \frac{4}{100}\right) + \left(\frac{8}{100} + \frac{9}{1000}\right)$$

$$= 1 + \frac{3}{10} + \frac{1}{10} + \frac{4}{100} + \frac{8}{100} + \frac{9}{1000}$$

$$= 1 + \frac{4}{10} + \frac{12}{100} + \frac{9}{1000}$$

A decomposição dá

$$\frac{12}{100} = \frac{1}{10} + \frac{2}{100}$$

assim

$$0,3 + 1,14 + 0,089 = 1 + \frac{4}{10} + \frac{1}{10} + \frac{2}{100} + \frac{9}{1000}$$

$$= 1 + \frac{5}{10} + \frac{2}{100} + \frac{9}{1000}$$

$$= 1,529$$

A adição ou a subtração também podem ser realizadas usando as regras desenvolvidas para números inteiros. Um breve exame, usando a notação científica, mostra a lógica. Digamos que se queira subtrair 1,43 de 2,33. Em notação científica, temos

$$1,43 = 1 \cdot 10^0 + 4 \cdot 10^{-1} + 3 \cdot 10^{-2}$$
$$2,33 = 2 \cdot 10^0 + 3 \cdot 10^{-1} + 3 \cdot 10^{-2}$$

assim

$$2{,}33 - 1{,}43 = 2 \cdot 10^0 + 3 \cdot 10^{-1} + 3 \cdot 10^{-2} - (1 \cdot 10^0 + 4 \cdot 10^{-1} + 3 \cdot 10^{-2})$$
$$= (2 \cdot 10^0 - 1 \cdot 10^0) + (3 \cdot 10^{-1} - 4 \cdot 10^{-1}) + (3 \cdot 10^{-2} - 3 \cdot 10^{-2})$$
$$= (2 \cdot 10^0 - 1 \cdot 10^0) + (3 \cdot 10^{-1} - 4 \cdot 10^{-1})$$

Como não se pode tirar 0,4 de 0,3, devemos, como se diz, *tomar emprestado* um 1 do 2. Isto é,

$$2{,}33 - 1{,}43 = (1 \cdot 10^0 - 1 \cdot 10^0) + (1 \cdot 10^0 + 3 \cdot 10^{-1} - 4 \cdot 10^{-1})$$
$$= (1 \cdot 10^0 - 1 \cdot 10^0) + (13 \cdot 10^{-1} - 4 \cdot 10^{-1})$$
$$= (1 \cdot 10^0 - 1 \cdot 10^0) + 9 \cdot 10^{-1}$$
$$= 9 \cdot 10^{-1}$$
$$= 0{,}9$$

Representando tudo isso na notação abreviada tradicional temos

$$\overset{1}{\cancel{2}}{,}33$$
$$\underline{-1{,}43}$$
$$0{,}90$$

## Multiplicação e divisão decimais

Mais uma vez, considerando-se que uma quantidade como 2,43 é um número misto – por exemplo, eu diria 2,43 como "dois inteiros e quarenta e três centésimos" – as regras para multiplicação de decimais devem fazer sentido. Vamos dar uma olhada em 2,43 vezes 1,43.

$$2{,}33 \cdot 1{,}43 = \frac{243}{100} \cdot \frac{143}{100}$$
$$= \frac{243 \cdot 143}{100 \cdot 100}$$
$$= \frac{34749}{10000}$$

Dividir por 10.000 significa que mudamos o número 34749 quatro posições para a direita.[3] Ou seja,

$$10^4 \; 10^3 \; 10^2 \; 10^1 \; 10^0 \; 10^{-1} \; 10^{-2} \; 10^{-3} \; 10^{-4}$$
$$\phantom{10^4 \; 10^3 \;} 3 \quad 4 \quad 7 \quad 4 \quad 9$$

torna-se

$$10^4 \; 10^3 \; 10^2 \; 10^1 \; 10^0 \; 10^{-1} \; 10^{-2} \; 10^{-3} \; 10^{-4}$$
$$\phantom{10^4 \; 10^3 \; 10^2 \; 10^1 \; 10^0 \;} 3 \quad 4 \quad 7 \quad 4 \quad 9$$

logo

$$2{,}43 \cdot 1{,}43 = 3{,}4749$$

ou "três vírgula quatro mil, setecentos e quarenta e nove milésimos".

### PROBLEMA 8.2

(a) Por que a multiplicação de um número por uma potência de 10 transfere esse número para a esquerda? (b) Por que a divisão de um número por uma potência de 10 transfere o número para a direita? (c) Quantas posições o número seria deslocado à esquerda se fosse multiplicado por $10^{25}$?

O argumento para a divisão de decimais novamente deriva do fato de que os decimais são, na verdade, frações. Um problema típico em um livro didático do ensino fundamental pode ser

$$2{,}4 \; \lfloor 1{,}43$$

para o qual temos a regra um tanto misteriosa: "desloque ambos os pontos decimais duas posições para a direita e calcule o problema equivalente", que, neste caso, é

$$240 \; \lfloor 143$$

Vejamos o que está acontecendo. Tendo em mente que estamos lidando com frações, permita-me escrever esta divisão como o problema de fração

$$\frac{2{,}4}{1{,}43}$$

Posso converter isso em uma interessante fração equivalente multiplicando o numerador e o denominador por 100, que dá a fração equivalente

$$\frac{2{,}4}{1{,}43} = \frac{100 \cdot 2{,}4}{100 \cdot 1{,}43}$$
$$= \frac{240}{143}$$

a qual, quando escrita em notação habitual para problemas deste tipo, é apenas

$$240 \; \lfloor 143$$

## DECIMAIS INFINITOS

A ubiquidade no número decimal, contudo, tem seu preço. Embora as frações como $\frac{1}{2}, \frac{1}{4}, \frac{1}{10}, \frac{1}{100}, \frac{1}{1000}$ e assim por diante sejam facilmente representadas em um sistema decimal de base 10, não é o caso de $\frac{1}{3}, \frac{1}{7}$ e semelhantes, como mostra uma pequena divisão decimal. Por exemplo, como já mencionado, em um sistema decimal de base 10

$$\frac{1}{3} = 0{,}333333333\ldots$$

Esse tipo de comportamento infinito não ocorre em um sistema de base 3. Sabemos que

$$\frac{1}{3} = 3^{-1}$$

e, portanto,

$$\frac{1}{3} = 0{,}1_3$$

Observe, contudo, que, em um sistema de base de 3,

$$\frac{1}{10} = 0{,}0022002200220022\ldots_3$$

**PROBLEMA 8.3**

Escreva $\frac{1}{2}$ em um sistema de base de 6.

No entanto, $\frac{1}{3}$ parece ter uma representação padronizada em um sistema decimal de base 10. O 3 em 0,333 ..., por exemplo, repete-se *ad infinitum*. Na verdade, todas as frações que têm uma expansão infinita se repetem. Considere $\frac{1}{7}$. A divisão dá

$$\begin{array}{r} 1\ \lfloor 7\phantom{0000000} \\ \overline{\phantom{0}0{,}1428571} \\ 7\phantom{0} \\ \overline{30} \\ 28 \\ \overline{20} \\ 14 \\ \overline{60} \\ 56 \\ \overline{40} \\ 35 \\ \overline{50} \\ 49 \\ \overline{10} \\ 7 \\ \overline{3} \end{array}$$ ← Começa a repetição.

Isto é, como há apenas 10 algarismos possíveis, cada divisão de fração desse tipo deve acabar se repetindo. Utilizando uma barra para indicar a porção que se repete, escrevo

$$\frac{1}{7} = 0{,}\overline{142857}$$

e $\frac{1}{3} = 0{,}\overline{3}$.

**PROBLEMA 8.4**

Apresente as expansões decimais infinitas de (a) $\frac{2}{7}$, (b) $\frac{1}{3} + \frac{1}{4}$.

Duas questões matemáticas interessantes são: se todos os decimais infinitos são representados por frações e, caso não, quais o são. Vou discutir a segunda questão aqui e a primeira no capítulo sobre *reais*. Considere o decimal repetido infinito

$$N = 0{,}44047619047619\ldots$$

Vejamos:

$$10^2 \cdot N = 44{,}047619047619\ldots$$

e
$$10^{(2+6)} \cdot N = 44047619{,}047619047619\ldots$$

logo
$$10^{(2+6)} \cdot N - 10^2 \cdot N = 44047619 - 44$$

e
$$N = \frac{44047619 - 44}{10^{(2+6)} - 10^2}$$
$$= \frac{37}{84}$$

Isso sugere que qualquer decimal infinito que apresente um padrão de repetição pode ser representado por um fração.[4]

### PROBLEMA 8.5
Quais números racionais correspondem a (a) $\overline{0{,}6}$; (b) $\overline{0{,}1}$; (c) $\overline{0{,}9}$; (d) $\overline{0{,}4321}$?

## INVESTIGAÇÕES

1. Ao descrever suas experiências em um brechó, Smith diz que metade do dinheiro dele acabou em apenas meia hora, de modo que ficou com a mesma quantidade de moedas de um centavo que tinha antes de 1 real, e metade dos reais que tinha de centavos. Quanto ele gastou? (GARDNER, 1959).
2. Prove que todos os racionais positivos $N$ com uma expansão decimal finita têm a forma
$$N = \frac{p}{2^\alpha \cdot 5^\beta}$$
para inteiros positivos $p, \alpha, \beta$.
3. Você tem muitos livros em sua biblioteca e é um dia de chuva, sem nada para fazer. Você decide construir um arco começando na mesa da cozinha e estendendo-se por 30 centímetros dentro de sua sala de estar.

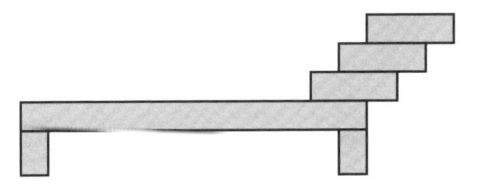

*Fonte:* O autor.

Se os livros que você está usando são todos do mesmo peso e têm cerca de 20 centímetros de comprimento, quantos serão necessários? Você acha que conseguiria construir um arco de um quilômetro e meio? Por quê? [*Dica*: O centro de massa de um livro de 20 centímetros está na marca de 2 centímetros, então, para que o primeiro livro não caia da mesa, seu centro de massa deve estar sobre a mesa e, portanto, é possível uma projeção de 10 centímetros. E o segundo livro? Bom, o segundo livro, com o mesmo raciocínio, pode se projetar sobre o primeiro em 10 centímetros. No entanto, você precisa ter certeza de que o centro de massa *líquido* dos dois livros juntos esteja sobre a mesa. Marcando a partir da extremidade do seu arco, o centro de massa do segundo livro é de 10 centímetros, e o centro de massa do primeiro está em 20 centímetros, de modo que o centro de massa combinado está em $\frac{10+20}{2}$, ou 15 centímetros. Isso significa que os dois livros juntos podem se projetar sobre a mesa 15 centímetros (ou $\frac{1}{2} + \frac{1}{4}$ do comprimento de um livro). E três livros? Bom, os dois livros de cima podem se projetar sobre o livro que está embaixo por 15 centímetros. Assim, marcando a partir do final do seu arco, o centro de massa do terceiro livro está em 10 centímetros, o centro de massa do segundo livro, em 20 centímetros e o centro de massa do terceiro livro, em 25 centímetros. Assim, o centro de massa combinado está em $\frac{25+20+10}{3}$, ou $7\frac{1}{3}$ centímetros (ou $\frac{1}{2} + \frac{1}{4} + \frac{1}{6}$ do comprimento de um livro). Você enxerga o padrão? Continue assim!]

4. Como você viu, alguns números racionais têm padrões decimais infinitos repetidos. Uma questão interessante é saber se é possível prever o tamanho de seu período (isto é, quantos números antes que repita), sem fazer toda a divisão. Prove o seguinte:

A expansão decimal de um número racional irredutível $\frac{m}{n}$ começa depois dos termos $s$ e tem um período de $t$, em que $s$ e $t$ são os menores números tais que

$$10^s \equiv 10^{s+t} \pmod{n}$$

Por exemplo,

$10^0 \equiv 1 \pmod{84}$   $10^1 \equiv 10 \pmod{84}$   $10^2 \equiv 16 \pmod{84}$
$10^3 \equiv -8 \pmod{84}$   $10^4 \equiv 4 \pmod{84}$   $10^5 \equiv 40 \pmod{84}$
$10^6 \equiv 20 \pmod{84}$   $10^7 \equiv -32 \pmod{84}$   $10^8 \equiv 16 \pmod{84}$

*Dica*: Volte ao exemplo que apresentei na seção anterior e o examine. Observe que eu tinha

$$\frac{37}{84} = \frac{44047619 - 44}{10^{(2+6)} - 10^2}$$

## NOTAS

1. A $\sqrt{2}$ foi obtida escrevendo-se 2.000.000, tirando a raiz quadrada deste, dividindo-o por 1000 (já que $\sqrt{2.000.000} = \sqrt{2} \cdot \sqrt{1.000.000}$ e $\sqrt{1.000.000} = 1.000$), e reduzindo o resultado a frações sexagesimais. Este método específico aparece em manuscritos do século XII e em livros impressos do século XVI.
2. Esta tábua, juntamente com marcadores ou contadores, era muito usada como ábaco.
3. Observe que a vírgula decimal (real ou imaginada) não se move nesses casos. A vírgula decimal é apenas um marcador para indicar que, à sua direita, todos os algarismos devem ser considerados como as frações decimais apropriadas. As regras complicadas para movimento decimal, embora bem intencionadas, causam muita dificuldade às crianças, uma vez que, para números positivos, basta que elas se lembrem de que a multiplicação por uma potência de 10 faz com que um número fique maior (com o número de deslocamentos correspondendo à potência). Da mesma forma, basta se lembrar que a divisão por uma potência de 10 faz com que o número fique menor (com o número de deslocamentos correspondendo à potência). A estrutura multiplicativa do nosso sistema de base 10 não é uma questão de menor importância.
4. Há um sentido em que todos os números racionais têm uma expansão decimal infinita. Por exemplo, $\frac{1}{10} = 0,1\overline{0}$. Assim, pode-se dizer que os números racionais (e isto, obviamente, inclui os números inteiros) se caracterizam por ter expansões decimais repetidas infinitas.

# REFERÊNCIAS

KARPINSKI, L. C. *The history of arithmetic*. Chicago: Rand McNally, 1925.
WEARNE, D.; HIEBERT, J. Constructing and using meaning for mathematical symbols: the case of decimal fractions. In: HIEBERT, J.; BEHR, M. (Ed.). *Number concepts and operations in the middle grades*. Mahwah: Erlbaum, 1988.
GARDNER, M. (Ed.). *Mathematical puzzles of Sam Loyd*. New York: Dover, 1959.

# CAPÍTULO

# 9    *Números reais*

A expressão *número real* se refere aos números que são possíveis resultados de medição. Por isso, exclui os números chamados de imaginários ou complexos, tais como números que satisfazem uma equação da forma

$$x^2 + 1 = 0$$

Assim, os números reais incluem os números inteiros ou naturais e os racionais (lembre-se, também, de que os números naturais estão contidos dentro dos inteiros, e estes, nos números racionais).

    Meu foco neste capítulo é a arte e a prática da aritmética de números reais ou, por assim dizer, da matemática da medição. Se você pensar bem, pode se perguntar qual seria o conteúdo desse capítulo. Já discutimos a aritmética dos decimais, e parece que, com instrumentos e técnicas de medição sofisticados, pode-se sempre expressar exatamente o comprimento de uma linha, por exemplo, por meio de um número racional (o que, obviamente, inclui esses números que têm uma expansão decimal finita). No entanto, como se sabe desde a antiguidade, existem medições simples que não podem ser feitas com os números que examinamos até agora. Considere o seguinte desenho:

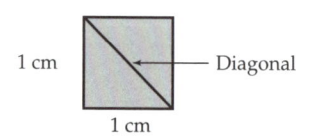

1 cm    —— Diagonal
1 cm

que representa um quadrado com lados de 1 cm. Este é um desenho que poderíamos, em princípio, fazer com razoavelmente precisão. No entanto, o comprimento da diagonal é $\sqrt{2}$ centímetros, um número que não se enquadra em qualquer das categorias numéricas que mencionei anteriormente. Este é um número ao qual damos o nome de *irracional*,[1] e, como você pode suspeitar, pode ser representado apenas por um decimal *não repetido e infinito*.

    Deixe-me enfatizar esse fato, talvez perturbador.[2] Há números que não são passíveis de expressão com a nossa notação de base 10. Posso muito bem determinar o algarismo de dez milésimos na expansão de $\sqrt{2}$. Isso não significa que eu conheça ou mesmo que possa prever algarismos de 20 milésimos.

    Como eu sei disso? Vou mostrar que $\sqrt{2}$ é irracional. Esta será uma prova por contradição.

Vou começar pressupondo o contrário: que $\sqrt{2}$ é racional. Isto é,

$$\sqrt{2} = \frac{a}{b}$$

onde $a$ e $b$ são números inteiros positivos e a fração $\frac{a}{b}$ é reduzida a seus termos mais baixos (isto é, $a$ e $b$ não têm fator comum)[3] e, em seguida, mostrarei que isso leva a uma contradição. Assim, terei mostrado que $\sqrt{2}$ não pode ser um número racional.

*Prova*: Supus que $\sqrt{2} = \frac{a}{b}$. Vou elevar os dois lados ao quadrado, o que dá

$$2 = \left(\frac{a}{b}\right)^2$$

$$= \frac{a^2}{b^2}$$

Multiplicando ambos os lados por $b^2$, temos

$$2 \cdot b^2 = a^2 \qquad (A)$$

Então, 2 divide o lado esquerdo da equação (A) e, portanto, 2 divide o lado direito. Isto é, $a^2$ é par. E $a$? Bom, $a$ é certamente par ou ímpar. Se fosse ímpar, considerando-se que um número ímpar vezes o número ímpar é ímpar, $a^2$ seria ímpar. Assim, $a$ deve ser par, e eu posso escrever $a$ na forma $2 \cdot n$ para um $n$ inteiro positivo.

Vou substituir $a$ por $2 \cdot n$ (A), o que dá

$$2 \cdot b^2 = (2 \cdot n)^2$$

Expandindo o que está nos parênteses, temos

$$2 \cdot b^2 = (2)^2 \cdot n^2$$
$$= 4 \cdot n^2$$

e dividindo por 2 em ambos os lados, temos

$$b^2 = 2 \cdot n^2 \qquad (B)$$

Observe a semelhança entre (A) e (B). Posso usar um argumento semelhante para mostrar que $b$ é igual a $2 \cdot m$ para um inteiro positivo $m$.

**PROBLEMA 9.1**

Prove que $b = 2 \cdot m$ para um inteiro positivo $m$.

Assim, $a$ e $b$ são ambos pares e, por conseguinte, ambos divisíveis por 2. Entretanto, isso contradiz a minha suposição de que a fração $\frac{a}{b}$ é reduzida a seus termos mais baixos. Assim, $\sqrt{2}$ *não* é um número racional.

Examinamos anteriormente a aritmética de decimais finitos, então, vamos nos concentrar principalmente na "aritmética dos irracionais" e, portanto, na questão de como se faz aritmética com medidas incertas. No processo, também vamos tratar do Teorema de Pitágoras:

> A soma dos quadrados dos dois lados de um triângulo retângulo é igual ao quadrado da hipotenusa.

E vou ilustrar a forma como certos números irracionais podem ser representados de forma *previsível*, como frações contínuas. Como exemplo,

$$\sqrt{2} = 1 + \cfrac{1}{2 + \cfrac{1}{2 + \cfrac{1}{2 + \cdots}}}$$

## OS NÚMEROS REAIS A PARTIR DE UMA PERSPECTIVA HISTÓRICA

Existem outros irracionais. Entre os que têm importância histórica, estão a razão entre a circunferência de um círculo e o seu raio, $\pi$, a Razão Áurea $\varphi = \frac{1+\sqrt{5}}{2}$ e a base dos logaritmos naturais,[4] $e = \Sigma_{n=0}^{\infty} \frac{1}{n!}$. No entanto, neste breve estudo, vamos nos concentrar em $\sqrt{2}$ e $\pi$, que geralmente aparecem no currículo do ensino fundamental.

## Pi: $\pi$

Que a proporção entre a circunferência de um círculo e seu raio é uma constante se sabe ao longo da história registrada. Podemos encontrar aproximações, provavelmente derivadas por meio de medição, nos registros de muitas civilizações antigas. Por exemplo, o valor mais conhecido de $\pi$, que era usado na China já no século XII a. C., era 3. Há boas evidências de que o valor $4\left(\frac{8}{9}\right)^2$, ou seja, aproximadamente 3,16, era usado no Egito em cerca de 1650 a. C. Na Índia (por volta do ano 628), Brahmagupta usava três valores de $\pi$: 3 para o trabalho mais bruto, $\sqrt{10}$ para trabalho *preciso*, e, para mais precisão, o valor de $3\frac{177}{1250}$, apresentado por Aryabhata em torno do ano de 499 d. C.

Uma das primeiras derivações teóricas registradas foi apresentada por Arquimedes (287-212 a. C.). Ele mostrou que

$$\frac{223}{71} < \pi < \frac{22}{7}$$

Sua abordagem era mais ou menos a seguinte. Se um círculo é colocado dentro de dois polígonos regulares de $n$ lados (por exemplo, dois quadrados, dois pentágonos regulares ou dois hexágonos regulares),

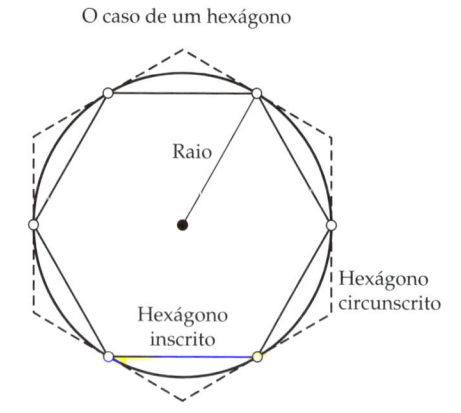

O caso de um hexágono

Raio

Hexágono circunscrito

Hexágono inscrito

*Fonte:* O autor.

então, à medida que aumenta o número de lados, a lacuna entre a circunferência do círculo e os perímetros desses polígonos diminui, sendo que o resultado é que, para $n$ muito grande, a circunferência do círculo é essencialmente igual ao perímetro dos polígonos. Considerando-se que Arquimedes poderia, teoricamente, derivar a fórmula para o perímetro de um polígono regular inscrito (o polígono interno) ou um polígono regular circunscrito (o polígono externo) para um raio $r$, ele poderia, teoricamente, calcular a razão do perímetro em relação ao raio e obter uma aproximação de $\pi$.[5] No caso de um hexágono, a razão interior é de 3 e a exterior é de cerca de 3,46.

Com o tempo, foram obtidas aproximações melhores para $\pi$ – uma busca impulsionada em parte pelas necessidades de medição em astronomia e construção. Alguns marcos foram al-Kushi (cerca de 1430 d. C.) determinando corretamente até 14 algarismos, Van Cuelen (cerca de 1600 d. C.) estabelecendo corretamente até 35 algarismos, Sharp (1699), até 71 algarismos e Rutherford (1853), até 440 algarismos. Atualmente, conhecemos até mais de $10^{12}$ algarismos.

## Raiz quadrada de 2: $\sqrt{2}$

A aproximação da raiz quadrada de 2 é um pouco mais manejável, por isso sua história é um pouco diferente. Parece que os babilônios, já em 2000 a. C., tinham tabelas de aproximações de raízes quadradas e cúbicas. Na famosa tabuleta de argila identificada como YBC 7289, há evidências de que $\sqrt{2}$ era conhecida como equivalente a aproximadamente 1,41421297. Não se sabe qual método foi utilizado para se obter esse resultado, mas pode ter sido um pouco semelhante ao que segue:

Vou começar pela aproximação $\sqrt{10}$ pelo maior inteiro possível que eu puder. Este é 3. Agora $\sqrt{10} > 3$, de modo que $\frac{\sqrt{10}}{3} > 1$. No entanto, se $\frac{\sqrt{10}}{3} > 1$,

$$\sqrt{10}\,\frac{\sqrt{10}}{3} > \sqrt{10}$$

logo

$$\frac{10}{3} > \sqrt{10}$$

Uma imagem dessas desigualdades, então, é

$$\frac{10}{3} > \sqrt{10} > 3$$

Isto sugere que, em alguma parte do intervalo entre $\frac{10}{3}$ e 3, há uma estimativa melhor para $\sqrt{10}$. Uma boa opção para essa estimativa é essencialmente o ponto médio do intervalo:

$$a = \frac{3 + \frac{10}{3}}{2}$$

$$\approx 3{,}167$$

Um pouco de álgebra mostra que

$$\frac{10}{a} < \sqrt{10} < a$$

e posso continuar minhas aproximações como antes, com intervalos cada vez menores.[6] Por exemplo, uma melhor aproximação seria[7]

$$\frac{a + \frac{10}{a}}{2} \approx 3{,}16228$$

### PROBLEMA 9.2
Determine as duas aproximações seguintes de $\sqrt{10}$.

Em cerca de 390 a. C., Theon apresentou outro método de aproximação de raízes quadradas:

> Ao buscar uma raiz quadrada, calculamos inicialmente a raiz do próximo número quadrado. A seguir, dobramos a este e dividimos com ele o restante reduzido a minutos, e subtraímos o quadrado do quociente; a seguir, reduzimos o restante a segundos e dividimos por duas vezes os graus e minutos. Assim, obtemos quase a raiz da equação quadrática (SMITH, 1925, p. 145).

Parece complicado, não é? O método se baseia em um resultado[8] de Euclides:

$$(a + b)^2 = a^2 + 2ab + b^2$$

Isto é, se elevamos ao quadrado a soma de dois números, o resultado é o quadrado do primeiro mais duas vezes o produto dos números, mais o quadrado do segundo.

Vou esboçar um argumento um pouco moderno para esta técnica,[9] usando $\sqrt{10}$ como exemplo.

Como o maior quadrado abaixo de 10 é 9, escrevo

$$(3 + \varepsilon)^2 = 10$$

para algum valor $\varepsilon$ a ser determinado. A elevação ao quadrado resulta em

$$9 + 2 \cdot 3 \cdot \varepsilon + \varepsilon^2 = 10$$

ou

$$2 \cdot 3 \cdot \varepsilon + \varepsilon^2 = 10 - 9$$
$$2 \cdot (3 \cdot \varepsilon) + \varepsilon^2 = 1 \qquad \text{(C)}$$

O meu problema é encontrar $\varepsilon$ (que, observo, é menor do que 1). Como gostaria de fazer esta aproximação em frações decimais, escreverei que

$$\varepsilon = \frac{e}{10} + \varepsilon_1$$

onde $e$ é um número inteiro, e $\varepsilon_1$ é a fração restante. Substituindo isso em (C), tenho

$$2 \cdot 3 \left(\frac{e}{10} + \varepsilon_1\right) + \left(\frac{e}{10} + \varepsilon_1\right)^2 = 1$$

ou

$$2 \cdot 3 \frac{e}{10} + \left(\frac{e}{10}\right)^2 + 2 \cdot 3\varepsilon_1 + 2\varepsilon_1 \frac{e}{10} + \varepsilon_1^2 = 1$$

logo

$$2 \cdot 3\varepsilon_1 + 2\varepsilon_1 \frac{e}{10} + \varepsilon_1^2 = 1 - \frac{e}{10}\left(2 \cdot 3 + \frac{e}{10}\right)$$

Agora, escolho o maior $e$ possível, de modo que o lado direito da equação seja positivo. Isto é, $e = 1$ e, portanto,

$$2 \cdot 3\varepsilon_1 + 2\varepsilon_1 \frac{e}{10} + \varepsilon_1^2 = 1 - 0{,}1(6{,}1)$$

$$= 0{,}39$$

ou

$$2\left(3 + \frac{e}{10}\right)\varepsilon_1 + \varepsilon_1^2 = 0{,}39$$
$$2(3{,}1 \cdot \varepsilon_1) + \varepsilon_1^2 = 0{,}39 \tag{D}$$

Observe que o formato de (D) é bastante semelhante a (C), no sentido de que, no lado esquerdo, (C) difere de (D), principalmente no que diz respeito à ordem de aproximação, isto é, 3,1 e 3, respectivamente. Fazendo uso desse padrão, continuo como antes, escolhendo meu algarismo de centésimos $e_1$ tal que

$$0{,}39 - \frac{e_1}{100}\left(2 \cdot (3{,}1) + \frac{e_1}{100}\right) \tag{E}$$

é o menor número positivo possível. Isto é, $e_1 = 6$ e minha nova aproximação para $\sqrt{10}$ é 3,16. Esse processo pode ser continuado. Dobro a estimativa $a$ anterior – acima, 3,1 – e escolho meu próximo algarismo decimal $d$ – no exemplo acima, 0,06, de modo que o produto $d(2a + d)$ – no exemplo acima, 0,06 (6,2 + 0,06), reduza o lado direito – acima, 0,39 – tanto quanto for positivamente possível.[10]

### PROBLEMA 9.3

Determine $\sqrt{10}$ (a) para o algarismo dos milésimos e (b) para o algarismo dos dez milésimos.

Existem tabelas para raízes quadradas, assim como nos tempos babilônicos. A raiz quadrada de 2, e as raízes quadradas de alguns outros inteiros positivos são conhecidas até mais de dez milhões de algarismos. Observo que a raiz cúbica de 2 pode ser calculada manualmente utilizando-se a expansão de $(a + b)^3$ de um modo semelhante ao usado para a raiz quadrada.

## OS NÚMEROS REAIS A PARTIR DE UMA PERSPECTIVA DO DESENVOLVIMENTO

Tanto $\sqrt{2}$ quanto $\pi$ estão presentes no currículo de matemática nos anos mais avançados do ensino fundamental. Os alunos são envolvidos em atividades onde calculam medindo – talvez, como fizessem os babilônios – a circunferência de vários objetos circulares e determinando a razão entre circunferência e diâmetro. Há também atividades que têm alguma semelhança com a metodologia empregada por Arquimedes, embora os alunos meçam os lados dos polígonos regulares inscritos e circunscritos.[11] Essas atividades muitas vezes levam à discussão dos dados acumulados em tais medições.

A discussão de √2, por outro lado, parece surgir quando a noção de raiz quadrada é introduzida pela primeira vez e pode aparecer em discussões sobre o Teorema de Pitágoras. Não surpreendentemente, os alunos consideram intrigante que se possa desenhar um quadrado com lados unitários, mas não se possa medir com precisão a diagonal. No entanto, talvez porque a medição do círculo seja mais central ao currículo fundamental do que a da diagonal, essas medidas irracionais raramente são tratadas.

Em ambos os casos, parece haver pouca discussão na aula de matemática do ensino fundamental a respeito de como tais aproximações podem ser combinadas aritmeticamente e como os erros devidos à aproximação podem afetar totais ou produtos.[12]

No entanto, como uma espécie de "experimento com o pensamento", considere a seguinte história (que deve soar um tanto familiar).

Os alunos do 6º ano do professor Batista vêm trabalhando com aproximações decimais a várias medidas. Apesar de a turma ter discutido a forma de representar essas aproximações, não discutiu como somá-las. Como uma aula introdutória, ele projetou o seguinte problema:

> Finja que você é joalheiro. Às vezes, as pessoas vêm à loja para mudar o tamanho de seus anéis. Quando você corta um anel para torná-lo menor, fica com uma pequena porção do ouro em troca do trabalho que fez. Recentemente, você recolheu os seguintes valores:
>
> 1,14 grama, 0,089 grama e 0,3 grama

Você usou uma balança com precisão de 0,01 grama para determinar 1,14 grama, uma balança com uma precisão de 0,1 grama para determinar 0,3 grama e uma escala com uma precisão de 0,001 grama de determinar 0,089 grama. Agora você tem um conserto a fazer, para o qual precisa de um pouco de ouro. Você está se perguntando se tem o suficiente. Trabalhe com seu grupo para saber aproximadamente a quantidade de ouro que você coletou. Esteja preparado para mostrar à classe a sua solução.

O professor Batista circula entre os alunos que trabalham. Ele para com o objetivo de ouvir Janine, Paulo e Steve. Janine olha para cima e diz: "Acho que fizemos algo assim na classe da professora Stowe, no ano passado." Paulo acrescenta: "Sim, tudo o que temos a fazer é alinhar as posições decimais e somar." O professor Batista responde: "Sim, é aquele problema. No entanto, também é diferente. Qual é a diferença?". Steve diz baixinho: "Acho que tem a ver com as balanças."

Depois que os grupos concluíram seu trabalho, a turma como um todo fez uma discussão. Eric informou que os alunos de seu grupo achavam que poderia haver entre 1,475 e 1,584 grama. Paulo imediatamente perguntou a Eric: "Por que esses números?", já que, se vocês alinharam os números e somaram, têm 1,529 gramas. Eric respondeu que, por exemplo, considerando-se que se pode medir 0,3 grama apenas até a precisão de 0,1 grama, o seu peso real pode ser qualquer um entre 0,25 e 0,35 grama.

## ARITMÉTICA COM OS NÚMEROS REAIS

É tentador supor que uma maneira de sair das dificuldades enfrentadas pela classe de Batista seja fazer todas as pesagens em uma única balança muito precisa. Um momento de reflexão, no entanto, deve convencê-lo de que certas dificuldades ainda permanecem. Medições reais são inerentemente imprecisas (o que não significa que não possam ser feitas com mais precisão).

Examinando mais profundamente o que está acontecendo, vamos explorar um problema um tanto análogo: a adição de $\overline{0,2} + \overline{0,3}$. Como esses números são decimais infinitos, não posso representá-los com precisão, em um sistema de valor posicional de base 10. Posso, contudo, expressá-los como um decimal finito em vários graus de precisão.[13] Essa abordagem, essencialmente formalizada no início do século XX, permite-me, apesar de não haver um *primeiro* algarismo direito em uma expansão decimal infinita, aplicar – com algum cuidado – meu conhecimento de aritmética aos racionais.[14] E a resposta a $\overline{0,2} + \overline{0,3}$ é o resultado sempre mais preciso daquela operação, dada a representação sempre mais precisa de $\overline{0,2}$ e $\overline{0,3}$.

Por exemplo,

$$\overline{0,2} = 0{,}222222222222 + 0{,}000000000000\overline{2}$$
$$\overline{0,3} = 0{,}333333333333 + 0{,}000000000000\overline{3}$$

ou

$$\overline{0,2} = 0{,}222222222222 + \varepsilon_1$$
$$\overline{0,3} = 0{,}333333333333 + \varepsilon_2$$

onde $0 < \varepsilon_1, \varepsilon_2 < 10^{-12}$. Assim,

$$\overline{0,2} + \overline{0,3} = 0{,}222222222222 + \varepsilon_1 + 0{,}333333333333 + \varepsilon_2$$
$$= 0{,}555555555555 + \varepsilon_1 + \varepsilon_2$$

onde $0 < \varepsilon_1 + \varepsilon_2 < 2 \cdot 10^{-12}$, e dizemos que

$$\overline{0,2} + \overline{0,3} = 0{,}555555555555$$

com um erro de, no máximo, $2 \cdot 10^{-12}$. Na verdade, como eu poderia adotar aproximações sucessivamente mais precisas para $\overline{0,2}$ e $\overline{0,3}$, posso dizer que

$$\overline{0,2} + \overline{0,3} = \overline{0,5}$$

com um erro infinitamente pequeno, isto é, no limite das minhas aproximações.

### PROBLEMA 9.4

De modo semelhante, some $\overline{0,3}$ e $\overline{0,142857}$ (isto é, $\frac{1}{3}$ e $\frac{1}{7}$) e verifique seus cálculos, somando as respectivas frações e escrevendo a expansão decimal para esse total.

Um argumento semelhante funciona para a subtração, embora seja preciso ter cuidado com a forma de calcular o termo de erro. Considere um $\frac{1}{7} - \frac{1}{9}$:

$$\overline{0,142857} - \overline{0,1}$$

Tenho

$$\overline{0,142857} = 0{,}142857142857142857 + \varepsilon_1$$
$$\overline{0,1} = 0{,}111111111111111111 + \varepsilon_2$$

onde $0 < \varepsilon_1, \varepsilon_2 < 10^{-12}$. Logo,

$$\overline{0{,}142857} - \overline{0{,}1} = 0{,}031746031746031746 + \varepsilon_1 - \varepsilon_2$$

porque $-10^{-13} < \varepsilon_1 - \varepsilon_2 < 10^{-12}$. Logo

$$\overline{0{,}142857} - \overline{0{,}1} = 0{,}031746031746031746$$

com um erro de, no máximo, $\pm 10^{-12}$. Na verdade, como eu poderia adotar aproximações sucessivamente mais precisas de $\overline{0{,}142857}$ e $\overline{0{,}1}$, posso dizer que, com erro infinitamente pequeno,

$$\overline{0{,}142857} - \overline{0{,}1} = \overline{0{,}31746}$$

### PROBLEMA 9.5

Verifique este resultado subtraindo as respectivas frações e escrevendo uma expansão decimal da diferença.

Observe que, quando os números reais que variam em sua precisão (isto é, na magnitude dos seus termos de erro) são somados ou subtraídos, o erro na soma ou na diferença é aproximadamente da mesma magnitude que o erro no último termo preciso. Como exemplo, represento $\overline{0{,}2}$ e $\overline{0{,}3}$, respectivamente, por

$$\overline{0{,}2} = 0{,}222 + 0{,}000\overline{2}$$
$$\overline{0{,}3} = 0{,}333333333333 + 0{,}000000000000\overline{3}$$

ou

$$\overline{0{,}2} = 0{,}222 + \varepsilon_1$$
$$\overline{0{,}3} = 0{,}333333333333 + \varepsilon_2$$

onde $0 < \varepsilon_1 < 10^{-3}; 0 < \varepsilon_2 < 10^{-12}$. Eu tenho

$$\overline{0{,}2} + \overline{0{,}3} = 0{,}222 + \varepsilon_1 + .333333333333 + \varepsilon_2$$
$$= 0{,}555333333333 + \varepsilon_1 + \varepsilon_2$$

onde $0 < +\varepsilon_1 + \varepsilon_2 < 10^{-3}(1 + 10^{-9})$. Assim, a precisão a mais na minha representação de 0,3 pouco acrescenta à precisão do meu total. Na verdade, o melhor que posso dizer (observe que somo apenas os algarismos na quantidade menos exata) é que

$$\overline{0{,}2} + \overline{0{,}3} = 0{,}555$$

com um erro de, no máximo, $10^3(1 + 10^{-9}) \approx 10^2$.

### PROBLEMA 9.6

Por que Eric, da turma do professor Batista, argumenta que a resposta para o problema da pesagem de ouro era 1,5 gramas, com precisão de 0,1 grama?

A multiplicação de números reais é razoavelmente simples, embora apresente um toque intrigante. Considere $3 \cdot \overline{0{,}3}$. Escrevendo

$$\overline{0{,}3} = 0{,}333333333333 + \varepsilon$$

onde $0 < \varepsilon < 10^{-12}$, temos

$$3 \cdot \overline{0{,}3} = 0{,}999999999999 + 3\varepsilon$$

onde $0 < 3\varepsilon < 3 \cdot 10^{-12}$. Assim, considerando-se que posso estimar $\overline{0{,}3}$ sempre com mais precisão:

$$3 \cdot \overline{0{,}3} = \overline{0{,}9}$$

Por outro lado, sabemos que $3 \cdot \frac{1}{3} = 1$, e 1 não se parece com $\overline{0{,}9}$. No entanto, observe que

$$1 = 0{,}999999999999 + 0{,}000000000001$$
$$= 0{,}999999999999 + \varepsilon$$

onde $0 < \varepsilon < 10^{-12}$. Assim, considerando-se como enquadrei a aritmética dos números reais,

$$1 = \overline{0{,}9}$$

porque 1 é o limite de $\overline{0{,}9}$. Isto é, os números reais 1 e $\overline{0{,}9}$ são, com efeito, idênticos.

### PROBLEMA 9.7

Calcule $\overline{3} \cdot \overline{0{,}6}$. [*Dica*: Inicialmente, multiplique algarismos simples, algarismos duplos, e assim por diante, até identificar o padrão.]

## TEOREMA DE PITÁGORAS

O Teorema de Pitágoras é um dos teoremas mais célebres da história e aparentemente já era conhecido dos babilônios no ano 1000 a. C. Ele diz que, em um triângulo retângulo,

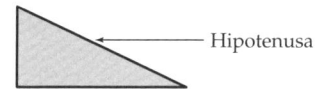

a soma dos quadrados dos dois catetos é igual ao quadrado da hipotenusa. Por exemplo, se os comprimentos dos catetos são de 3 e 4 centímetros, respectivamente, o comprimento da hipotenusa é de 5 centímetros. Ao que parece, há mais de 300 provas deste teorema. Uma delas, inclusive, foi concebida por um presidente dos Estados Unidos, James Garfield.

Vou esboçar uma das provas visualmente mais atraentes. Construirei um triângulo

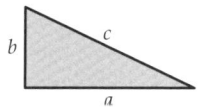

e três cópias, e vou reorganizá-las da seguinte forma:

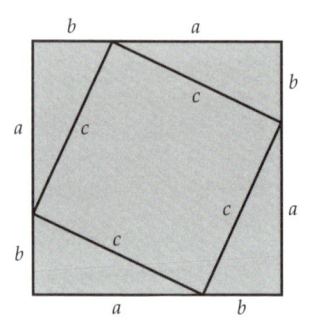

A área de cada triângulo é $\frac{ab}{2}$. A área do quadrado exterior é $(a + b)^2$, e a área do quadrado interior é $c^2$. Donde

$$(a + b)^2 = 4 \cdot \frac{ab}{2} + c^2$$

ou

$$a^2 + 2ab + b^2 = 2ab + c^2$$

assim

$$a^2 + b^2 = c^2 \tag{F}$$

como se queria demonstrar.

Como já observei, uma solução para (F) é o triplo 3, 4, 5. Uma questão matemática interessante é se há mais alguma solução de números inteiros. Vou esboçar um método para encontrar todas essas soluções de (F) que não têm fator comum em pares.[15] Isto é, não é o caso de que: $a$ e $b$ tenham um fator comum, que $a$ e $c$ tenham um fator comum, ou que $b$ e $c$ tenham um fator comum.

*Caso 1*: Suponha que $a$ e $b$ sejam ambos ímpares. Isto é, $a = 2n + 1$ e $b = 2m + 1$. Nesse caso, $c^2$, e, portanto, c, tem de ser pares. Isto é, $c = 2s$. Substituindo $c$ por este valor em (F), temos

$$(2n + 1)^2 + (2m + 1)^2 = (2s)^2$$

ou

$$4n^2 + 4n + 1 + 4m^2 + 4m + 1 = 4s^2$$

portanto

$$4n^2 + 4m^2 + 4n + 4m + 2 = 4s^2$$

ou

$$4(n^2 + m^2) + 4(n + m) + 2 = 4s^2$$

No entanto, isto não é possível, de modo que *a e b não podem ser ambos ímpares*.

**PROBLEMA 9.8**

Por que $4(n^2 + m^2) + 4(n + m) + 2 = 4s^2$ é impossível?

*Caso 2*: Suponho que $a$ seja par e $b$ seja ímpar. Logo, $c$ e $b$ devem ser ímpares.

### PROBLEMA 9.9
Por que $c$ e $b$ devem ser ímpares?

E escrevo (F) como
$$a^2 = c^2 - b^2$$
ou, fatorando,
$$a^2 = (c - b)(c + b)$$
Logo
$$\left(\frac{a}{2}\right)^2 = \left(\frac{c+b}{2}\right)\left(\frac{c-b}{2}\right) \tag{G}$$
Observe que $a$, $c - b$, e $c + b$ são pares.

### PROBLEMA 9.10
Por que $c - b$ é par?

Agora,
$$\frac{c+b}{2} + \frac{c-b}{2} = c$$
$$\frac{c+b}{2} - \frac{c-b}{2} = b$$

assim sendo, se algum número $d$ é um fator comum de $\frac{c+b}{2}$ e $\frac{c-b}{2}$, $d$ deve ser um fator comum de $b$ e $c$, o que, de acordo com minhas suposições iniciais, é impossível.

Isto significa que, como o lado esquerdo de (G) é um quadrado, tanto $\frac{c+b}{2}$ quanto $\frac{c-b}{2}$ devem ser quadrados. Vamos pensar juntos sobre este passo:

Lembre-se do Teorema Fundamental da Aritmética: Todo número composto $N$ pode ser fatorado unicamente em fatores primos:
$$N = p_1^{a_1} p_2^{a_2} \cdots p_r^{a_r}$$
onde os $p_i$s são os vários fatores primos diferentes e os $a_i$s são as multiplicidades, isto é, o número de vezes que $p_i$ ocorre na fatoração em primos.

Assim, $\frac{a}{2}$ é a forma de
$$\frac{a}{2} = p_1^{a_1} p_2^{a_2} \cdots p_r^{a_r}$$
e, portanto,
$$\left(\frac{a}{2}\right)^2 = (p_1^{a_1})^2 (p_2^{a_2})^2 \cdots (p_r^{a_r})^2$$

ou
$$\left(\frac{c+b}{2}\right)\left(\frac{c-b}{2}\right) = (p_1{}^{a_1})^2(p_2{}^{a_2})^2 \cdots (p_r{}^{a_r})^2$$

Agora, por exemplo, se $p_1$ divide $\frac{c+b}{2}$, $(p_1{}^{a_1})^2$ deve dividir $\frac{c+b}{2}$

### PROBLEMA 9.11
Por que, se $p_1$ divide $\frac{c+b}{2}$, $(p_1{}^{a_1})^2$ deve dividir $\frac{c+b}{2}$?

E assim, por exemplo, $\frac{c+b}{2}$ deve ter a forma

$$\frac{c+b}{2} = (q_1{}^{b_1})^2(q_2{}^{b_2})^2 \cdots (q_s{}^{b_s})^2$$

onde os $q_i$s são primos e os $b_i$s são suas respectivas multiplicidades. Assim, escrevo

$$\frac{c+b}{2} = u^2$$

$$\frac{c-b}{2} = v^2$$

e, substituindo isso em (G), temos

$$a = 2uv$$
$$b = u^2 - v^2$$
$$c = u^2 + v^2$$

Observe que $u$ e $v$ podem ser quaisquer dois números inteiros tais que $u > v$, que $u$ e $v$ não tenham outros fatores além de 1 em comum e que $u$ e $v$ não possam ser ambos ímpares. Por exemplo, para $u = 2$ e $v = 1$, temos $a = 4$, $b = 3$, e $c = 5$.

### PROBLEMA 9.12
Usando essas fórmulas para $a$, $b$ e $c$, encontre mais duas soluções de números inteiros para (F). Encontre um trio de frações $j$, $k$, $p$ que cumpram (F).

## FRAÇÕES CONTÍNUAS
Eu mostrei que $\sqrt{2}$ é irracional e, portanto, tem uma expansão decimal, não repetida e infinita. Mas isso não significa que não possamos representar $\sqrt{2}$ de uma forma sistemática. Por exemplo, sei que $1 < \sqrt{2} < 2$, de modo que defino

$$x = 1 + \sqrt{2} \tag{H}$$

Reorganizando, dá

$$x - 1 = \sqrt{2}$$

e elevando ambos os lados ao quadrado, temos

$$(x-1)(x-1) = x^2 - 2 \cdot x + 1$$
$$= 2$$

# Teoria dos Números para Professores do Ensino Fundamental

ou
$$x^2 = 2 \cdot x + 1$$

Dividindo por $x$ ($x$ é claramente diferente de zero) em ambos os lados, temos

$$x = 2 + \frac{1}{x} \qquad \text{(I)}$$

Substituindo (I) em (H), temos

$$1 + \sqrt{2} = 2 + \frac{1}{x}$$

ou

$$\sqrt{2} = 1 + \frac{1}{x} \qquad \text{(J)}$$

e substituindo repetidamente (I) em (J), temos

$$\sqrt{2} = 1 + \cfrac{1}{2 + \cfrac{1}{2 + \cfrac{1}{2 + \cdots}}}$$

Essas expansões são denominadas *expansões de fração contínua*. Duas das que conhecemos são

$$\text{A Razão Áurea} = 1 + \cfrac{1}{1 + \cfrac{1}{1 + \cfrac{1}{1 + \cdots}}}$$

e

$$\frac{4}{\pi} = 1 + \cfrac{1^2}{2 + \cfrac{3^2}{2 + \cfrac{5^2}{2 + \cfrac{7^2}{2 + \cdots}}}}$$

### PROBLEMA 9.13
Apresente uma fração de expansão contínua para $\sqrt{7}$.

## INVESTIGAÇÕES

1. Uma versão moderna do algoritmo da raiz quadrada é a seguinte: Escreva o número original na forma decimal com uma linha acima; a raiz será escrita nessa linha. Agora, separe os algarismos em pares, começando no ponto decimal e indo à esquerda e à direita; você pode precisar adicionar zeros à esquerda e à direita para preencher os pares inicial e final. O ponto decimal da raiz estará acima do ponto decimal do quadrado. Um algarismo da raiz aparecerá acima de cada par de algarismos do quadrado.

    Começando com o par de algarismos mais à esquerda, faça o seguinte procedimento para cada par:

a. Começando à esquerda, baixe o par de algarismos mais significativo (mais à esquerda) ainda não usado (se todos os algarismos tiverem sido usados, escreva "00") e os escreva à direita do resto do passo anterior (no primeiro passo, não haverá resto). Isto é, multiplique o resto por 100 e some os dois algarismos. Vou indicar esse valor com um C.
b. Seja R a raiz, ignorando o ponto decimal, que foi determinada até aqui (no primeiro passo, R = 0). Determine o maior algarismo d de modo que

$$C \geq d \cdot (20 \cdot R + d)$$

Observe que, no primeiro passo, isso é equivalente a encontrar d, tal que $C \geq d^2$.
c. O algarismo d é o próximo algarismo na raiz, então, coloque-o no local apropriado na linha acima do quadrado e subtraia:

$$C - d \cdot (20 \cdot R + d)$$

d. Se esse resto for zero e não houver mais pares de algarismos para baixar, você concluiu; caso contrário, defina C igual ao resto, volte para o passo a, e continue.

Prove que este algoritmo, assim como a minha adaptação do algoritmo de Theon, aproxima-se de calcular a raiz quadrada, em teoria, com qualquer precisão exigida. *Dica*: Compare os passos na minha adaptação do algoritmo de Theon para se calcular a raiz quadrada de 10 com as etapas desse algoritmo:

```
      3,1 6 2 2
   10,00 00 00 00
    1 00            1 · (20 · 3 + 1) = 61
      61
    39 00           6 · (20 · (31) + 6) = 3.756
    37 56
     1 44 00        2 · (20 · (316) + 2) = 12.644
     1 26 44
       17 56 00     2 · (20 · (3162) + 2) = 126.484
       12 64 84
        4 91 16
```

2. Em uma parte anterior deste capítulo, ilustrei um método para obter soluções inteiras diferentes de zero, de primos em pares, para

$$a^2 + b^2 = c^2$$

Uma pergunta óbvia é o que fazer com

$$a^3 + b^3 = c^3$$

ou

$$a^n + b^n = c^n$$

onde $3 < n$.

Em 1637, Pierre de Fermat escreveu, em sua cópia da tradução de Claude-Gaspar Bachet de *Arithmetica*, de Diofanto:

> No entanto, é impossível escrever um cubo como a soma de dois cubos, uma quarta potência como a soma de duas quartas potências e, em geral, qualquer

potência além da segunda como soma de duas potências semelhantes. Para isso, descobri uma prova verdadeiramente maravilhosa, mas a margem é pequena demais para contê-la (ORE, 1948, p. 204).

Nenhuma prova correta desta conjectura – denominada Último Teorema de Fermat – foi encontrada durante 357 anos, até ser apresentada, em 1995, por Andrew Wiles. Conte a história do Último Teorema de Fermat.

3. Em matemática e em artes, duas quantidades estão na *razão áurea* se a razão entre a soma dessas quantidades e a quantidade maior é a mesma que a razão entre a quantidade maior e a menor. Já no Renascimento, acreditando que essa proporção era esteticamente agradável, os artistas elaboravam a proporção de suas obras para se aproximar da Razão Áurea, principalmente sob a forma do retângulo áureo, em que a razão entre o lado mais longo e o mais curto é a razão dourada.

Prove que a proporção áurea, $\varphi$, é dada por

$$\varphi = \frac{1 + \sqrt{5}}{2}$$

4. Dê um exemplo de uma regra para escrever os algarismos decimais de um número irracional e prove que o número gerado deve ser irracional. [*Dica*: Lembre-se de que todas as expansões decimais infinitas repetidas são racionais.]

## NOTAS

1. Isto é, não representado por um racional.
2. A percepção de que uma construção tão simples leva a tanta incomensurabilidade teria precipitado uma crise na matemática grega. No entanto, isso pode ser mais mito do que verdade.
3. Se você tiver dúvidas sobre esta condição, lembre-se de que, na prática, sempre pode ser feito.
4. O fatorial é definido como segue: $0! = 1$, $1! = 1$, $2! = 2 \cdot 1, \ldots, n! = n(n-1)(n-2) \ldots 2 \cdot 1$. Assim, como $\Sigma$ indica a soma de termos, $e = \frac{1}{0!} + \frac{1}{1!} + \frac{1}{2!} + \cdots + \frac{1}{n!} + \cdots$
5. Arquimedes parou em um polígono regular de 96 lados.
6. Observe que $a \cdot \frac{10}{a} = 10$. Assim, este método de aproximação tem mais ou menos o mesmo comportamento das técnicas de extração de raiz discutidas por Domingo León Gómez Morín, em seu *The Fifth Arithmetical Operation* (ver http://mipagina.cantv.net/arithmetic/index.htm).
7. A raiz quadrada de 10 é aproximadamente 3,162278.
8. Este resultado parece ter sido conhecido bem antes de Euclides o registrar.
9. Apesar de um pouco simplificado, isso ainda era constante nos livros de álgebra do ensino médio da década de 1950.
10. Na verdade, há pouca necessidade de aritmética decimal, como você pode ver se multiplicar (E) por 100. A implementação usual deste algoritmo elimina a escrita do ponto decimal de uma forma que lembra a divisão longa.
11. Essas atividades geralmente envolvem polígonos regulares com número de lados bem abaixo de 10.
12. No entanto, parece haver alguma preocupação com essas questões na sala de aula de ciências no ensino fundamental.
13. Estou usando mais ou menos o que se chama de *sequência de Cauchy*. Deste ponto de vista, um número real é, em certo sentido, o limite de aproximações cada vez mais precisas.
14. Observe que, se não implementasse essa técnica, eu teria abandonado a potência do algoritmo convencional de adição.
15. Observe que isto equivale a $a$, $b$, e $c$ não terem qualquer fator comum.

## REFERÊNCIAS

ORE, O. *Number theory and its history*. New York: McGraw-Hill, 1948.
SMITH, D. E. *History of mathematics*: special topics of elementary mathematics. New York: Dover, 1925.

# CAPÍTULO 10    *Números transfinitos*

O termo *infinito* apareceu várias de vezes neste livro, e eu o tratei mais ou menos informalmente. Contudo, neste capítulo, vamos explorar a arte e a prática da aritmética *transfinita*. Este é um tema um tanto peculiar, porque os números infinitos não são números no sentido em que geralmente pensamos. No entanto, com alguma ajuda de Pedro, de 5 anos, que nos foi apresentado no Capítulo 2, posso falar sobre as operações aritméticas usuais.

Vamos começar com um pouco de história, porque a ideia de infinito sempre cativou e confundiu. Depois, vamos dar uma olhada na sala de aula para ver como o infinito, por assim dizer, entra nas ações e pensamentos das crianças. Isso vai preparar o caminho para uma discussão sobre algumas variedades diferentes de infinito, e um pouco de aritmética complexa. Por exemplo,

$$\aleph_0 + 2008 = \aleph_0$$
$$\aleph_0 - 2008 = \aleph_0$$
$$2008 \cdot \aleph_0 = \aleph_0$$
$$\aleph_0 \div 2008 = \aleph_0$$

onde $\aleph_0$ é a cardinalidade do conjunto de todos os números naturais.

## O INFINITO A PARTIR DE UMA PERSPECTIVA HISTÓRICA

A possibilidade de existirem números muito grandes tem fascinado crianças e matemáticos ao longo dos tempos. Matemáticos védicos que escreviam em torno do século V a. C. tinham nomes individuais, em sânscrito, para algumas das potências de 10. Por exemplo,

| | |
|---|---|
| *koti* | $10^7$ |
| *samaptalambha* | $10^{39}$ |
| *nirabbuda* | $10^{63}$ |
| *dhvajagranishamuni* | $10^{421}$ |

Muito parecido com esses primeiros matemáticos védicos, os jainistas (uma seita religiosa da Índia) tinham interesse na enumeração de números muito grandes. Esse interesse levou, por volta de 400 a. C., a uma classificação dos números em três grupos e três ordens dentro desses grupos (JOSEPH, 1991):

1. Números enumeráveis: menores, intermediários, maiores.
2. Números inumeráveis: quase inumeráveis, realmente inumeráveis e inumeravelmente inumeráveis.

3. Números infinitos: quase infinitos, verdadeiramente infinitos, e infinitamente infinitos.

O maior número enumerável dos jainistas corresponde à cardinalidade dos números naturais $\aleph_0$.

Os gregos, por outro lado, viam com certa desconfiança a conversa sobre o infinito. Eles designavam o infinito como *apeiron*, algo ilimitado, indefinido ou não definido; como a ausência (por assim dizer) de limite e, em certo sentido, à beira do caos. O infinito também era um componente nos paradoxos de Zenão – o mais conhecido é o de Aquiles e a lebre (ou, como se tornou conhecido, a Lebre e a tartaruga):

> Uma lebre está perseguindo uma tartaruga. A tartaruga começa alguma distância à frente, digamos, 10 metros. Ambas começam a correr ao mesmo tempo. A lebre corre a uma velocidade de 10 metros por segundo e a tartaruga corre a 1 metro por segundo. Depois de 1 segundo, a lebre chegou ao ponto de partida da tartaruga, mas esta avançou 1 metro durante esse tempo, de modo que a lebre ainda não a alcançou. Agora, a tartaruga está 1 metro à frente, mas, quando a lebre se desloca 1 metro, a tartaruga já andou $\frac{1}{10}$ de um metro. Isto é, a tartaruga está agora $\frac{1}{10}$ de um metro à frente, mas, quando a lebre se desloca $\frac{1}{10}$ de um metro, a tartaruga avançou $\frac{1}{100}$ de um metro. A tartaruga está agora $\frac{1}{100}$ de um metro à frente.

Poderia continuar indefinidamente, mas a tartaruga estará sempre um pouco mais à frente, quando a lebre chegar aonde a tartaruga estava.

### PROBLEMA 10.1
Zenão está correto ao dizer que a lebre nunca pegará a tartaruga? Por quê?

Aristóteles, talvez em parte por causa dos paradoxos de Zenão, argumentou em sua obra *Física* que

> Considerando-se que nenhuma grandeza sensível é infinita, é impossível ultrapassar cada grandeza específica, pois, se fosse possível, haveria algo maior do que os céus.

Assim, os números naturais, não tendo número maior, foram chamados por Aristóteles de *potencialmente infinitos*. Essa postura diante do infinito parece ter sido bastante influente na matemática ocidental. Por exemplo, Karl Friedrich Gauss, importante matemático do século XIX, adverte um colega, dizendo: "Com relação à sua prova, devo protestar da forma mais veemente contra o uso do infinito como algo consumado, já que isso nunca é permitido em matemática. O infinito é apenas uma figura de expressão. [...]"

O infinito recebeu sua base na matemática ocidental de Georg Cantor, em 1874. Seus resultados, alguns dos quais discutirei em seguida, desencadearam uma tempestade de controvérsias. Ele foi condenado por vários dos mais influentes matemáticos de sua época. E essa condenação, embora tenha acabado por se revelar injustificada, afetou negativamente sua saúde mental.

## O INFINITO A PARTIR DE UMA PERSPECTIVA DO DESENVOLVIMENTO

O infinito entra na aula de matemática nos primeiros anos do ensino fundamental. Quando os alunos, em sua contagem, passam de 2 a 5 para 10 a 20, ocorre uma conscientização cada vez maior de que os números naturais nunca terminam, o que se confirma mais tarde quando se fala de centenas, milhares e até de *zilhões*. Isto, em si, não causa grande consternação. Na verdade, as crianças dessa idade são atraídas por grandes números. O que realmente causa consternação nesses alunos é que eles não são mais capazes de verificar certas declarações de matemáticos – por exemplo, a de que um número par mais um número ímpar dá sempre um número ímpar – experimentando todas as combinações de números. Observe a seguinte história (BALL; BASS, 2003):

> Alunos do terceiro ano da professora Ball geraram uma série de conjecturas sobre números pares e ímpares. Betsy, ilustrando sua resposta com a adição 7 + 7, diz: "Um número ímpar mais um número ímpar, se você somar outro número com um número ímpar, é igual a um número par, pois *um número par mais 1 é igual a um número ímpar, por isso, se você somou dois números ímpares, pode adicionar os 1s que sobraram e daria sempre um número par*".

Durante a discussão da classe que se seguiu, Mei diz que não tem certeza de que se isso sempre é verdadeiro. Ela diz: "Acho que não, porque você não conhece os números, tipo, você nem sabe como pronunciar, ou como dizer. ... Não acho que funcionaria para números que a gente não consegue dizer nem entender o que são".

Embora Mei esteja correta em sua caracterização dos números (lembre-se do *mega*, do Capítulo 2), Betsy apresentou o início de uma prova dedutiva bastante aceitável. O infinito, em situações como esta, pode proporcionar muita motivação para provas além daquelas de simples exaustão, como indica essa continuação:

> Algum tempo depois, os alunos da professora Ball falam de seu trabalho com números pares e ímpares. Mark diz, sobre seu trabalho com Nathan: "Bom, primeiro, eu e o Nathan, a gente estava encontrando respostas e não estava pensando em prova. E depois nós ainda estávamos encontrando respostas e [então] estávamos tentando provar, e Betsy chegou e ela tinha provado, e então todos nós concordamos que funcionaria".

O infinito também pode entrar na sala de aula por meio de soluções para vários problemas. Considere a seguinte história.

A professora Lukas colocou o problema a seguir para a turma do 3º ano:

> Você tem quatro biscoitos que deseja dividir igualmente entre dois amigos e você mesmo. Quantos biscoitos você e cada um de seus amigos terão?

A professora Lukas anda pela sala de aula enquanto seus alunos estão trabalhando. Ela para e fala com Vanessa, que lhe mostra a imagem que desenhou.

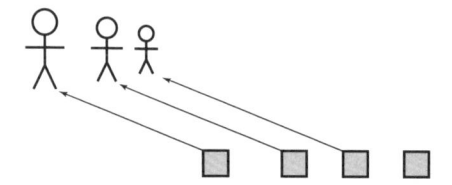

*Fonte:* O autor.

A professora, meio intrigada, pergunta a Vanessa sobre o biscoito não distribuído. Vanessa pega o papel de volta, acrescenta algumas linhas, e novamente entrega à professora Lukas, dizendo: "Cada um deles recebe um e um quarto".

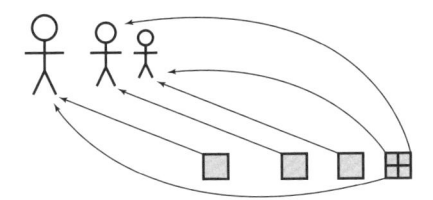

*Fonte:* O autor.

A professora diz: "Mas você ainda tem um pedaço sobrando". Yvonne responde, "Ah, você pode dividi-lo em quartos também e simplesmente continuar para sempre. Como se chamam esses pedacinhos, afinal?". A professora, um pouco confusa, responde: "Um quarto de um quarto". Yvonne sorri e diz: "Agora, cada um deles ganha um biscoito e um quarto, mais um quarto de um quarto".

Yvonne acaba de dar uma boa demonstração de que $\frac{4}{3}$ podem ser representados pela série infinita[1]

$$1 + \frac{1}{4} + \frac{1}{4} \cdot \frac{1}{4} + \frac{1}{4} \cdot \frac{1}{4} \cdot \frac{1}{4} + \cdots$$

ou

$$\frac{4}{3} = 1 + \sum_{n=1}^{\infty} \left(\frac{1}{4}\right)^n$$

**PROBLEMA 10.2**

Escreva uma série *infinita* para $\frac{1}{3}$ em termos de potências de $\frac{1}{4}$.

**PROBLEMA 10.3**

Escreva uma série *infinita* para $\frac{1}{7}$ em termos de potências de $\frac{1}{8}$. [*Dica*: Observe que é equivalente ao problema de dividir 8 biscoitos entre sete pessoas.]

## VARIEDADES DO INFINITO

O importante na abordagem de Yvonne ao problema dos biscoitos é seu uso passo a passo dos números naturais. Sua primeira divisão aloca um biscoito a uma pessoa; sua segunda divisão aloca outro quarto a cada pessoa; a terceira, $\frac{1}{16}$, e assim por diante. Para Yvonne, o infinito se torna, na prática, a totalidade dos números naturais. Isso é semelhante, como já mencionei, ao ponto onde Cantor começou.

Observemos mais profundamente, tendo Pedro, de 5 anos, como guia. Lembre-se de que Pedro estava diante da tarefa de contar o conjunto C de sete balas:

Marcando a *primeira* e depois, sucessivamente, cada uma até atingir a última e sétima, Pedro consegue dizer à professora Jannat que a cardinalidade – quantos existem no conjunto – é 7. Se você pensar bem, Pedro poderia, em princípio, fazer isso com qualquer conjunto de objetos. Ele pode ficar sem nomes para os números (como Mei sugeriu), mas com um pouco de ajuda nesse sentido, ele certamente poderia marcar cada um e declarar a cardinalidade. Na verdade, Pedro podia contar até um mega. Contar a um mega não é possível do ponto de vista prático, e pode haver muitos nomes novos de números ao longo do caminho (como sugerido pelos matemáticos védicos), mas, em princípio, poderia ser feito.

Então, você precisa dar um grande salto conceitual. Você é capaz de imaginar Pedro contando até 7 e até mesmo 100. Pode imaginá-lo contando, com ajuda, até 1000, e, em princípio, deve conseguir imaginá-lo começando a contagem até um mega. Eu quero que você o imagine tentando contar todos os números naturais. Eu imagino que, se eu pedisse a Pedro para fazer isso, ele diria: "Simples! Eu conto um como um, dois como dois, e assim por diante.[2] E se e quando eu chegar ao fim, essa é a quantidade que existe". Pedro não tem um nome para quantos existem, mas Cantor tinha. Ele o chamou de aleph-nulo e escreveu $\aleph_0$.

Mas existem algumas coisas curiosas. Vamos contar um pouco. Vou contar os números pares:

| Número par | Contagem |
|---|---|
| 2 | 1 |
| 4 | 2 |
| 6 | 3 |
| . | . |
| . | . |
| . | . |
| 2n | n |
| . | . |
| . | . |
| . | . |

Ou seja, tenho uma função $f$ um a um, que associa qualquer número par $n$ a um número natural

$$f(n) = \frac{n}{2}$$

Quantos números pares existem? De acordo com a maneira como eu defini *quantos* – isto é, em termos de cardinalidade – existem $\aleph_0$, porque eu atribuí 1 número natural a cada número par. Então, existe *a mesma quantidade* de números pares do que de números naturais. Isto é um pouco estranho, uma vez que, é claro, os números naturais incluem os números pares.

**PROBLEMA 10.1**

Mostre que existem $\aleph_0$ números ímpares.

E os números inteiros? Certamente, há mais números inteiros do que números naturais. Tentemos contá-los (eu vou contar zero duas vezes para fazer um padrão interessante).

| Inteiro | Contagem |
|---------|----------|
| $-0$ | 1 |
| $+0$ | 2 |
| $-1$ | 3 |
| $+1$ | 4 |
| $\vdots$ | $\vdots$ |
| $-n$ | $2n+1$ |
| $+n$ | $2n+2$ |

por isso, minha função natural é

$$f(n) = \begin{cases} 2n+2 & \text{para } n \text{ positivo} \\ -2n+1 & \text{para } n \text{ negativo} \end{cases}$$

Portanto, como você pode ver, há $\aleph_0$ números inteiros.

### PROBLEMA 10.5

Escreva uma função (talvez precise de duas partes, como acima), que não faça contagem dupla de zero. [*Dica*: Isso pode significar que você precise contar zero como 1 e, em seguida, proceder como acima, contando, talvez, +1 como 2 e –1 como 3, e assim por diante.]

Mostrei que o número de inteiros na linha de números

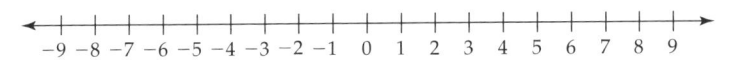

é $\aleph_0$. E o número de pontos da grade no plano? Vou começar a contar os positivos.[3]

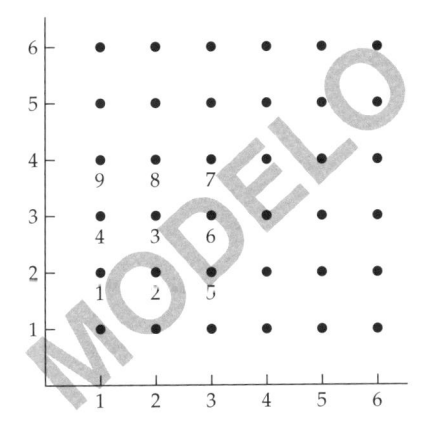

*Fonte:* O autor.

Minha função de contagem parece um pouco mais complicada:

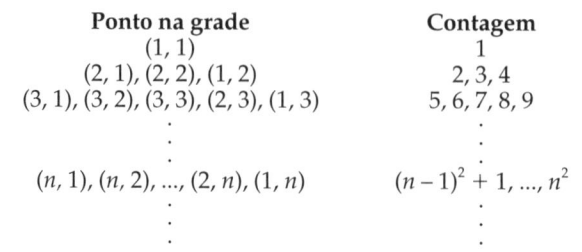

| Ponto na grade | Contagem |
|---|---|
| (1, 1) | 1 |
| (2, 1), (2, 2), (1, 2) | 2, 3, 4 |
| (3, 1), (3, 2), (3, 3), (2, 3), (1, 3) | 5, 6, 7, 8, 9 |
| ⋮ | ⋮ |
| $(n, 1), (n, 2), ..., (2, n), (1, n)$ | $(n-1)^2 + 1, ..., n^2$ |
| ⋮ | ⋮ |

## PROBLEMA 10.6

Demonstre um método para a contagem de todos os pontos da grade no plano. (Isto é, inclua os pontos da grade abaixo e à esquerda dos mostrados na figura.)

Certamente, a cardinalidade dos números racionais deve ser maior do que a dos números naturais. Há, afinal, um número infinito de frações somente entre 0 e 1, na linha de números. No entanto, posso contar os racionais positivos da seguinte forma:[4]

| Racional | Contagem |
|---|---|
| $\frac{1}{1}$ | 1 |
| $\frac{1}{2}$ | 2 |
| $\frac{2}{2}$ | 3 |
| $\frac{2}{1}$ | 4 |
| $\frac{1}{3}$ | 5 |
| $\frac{2}{3}$ | 6 |
| $\frac{3}{3}$ | 7 |
| $\frac{3}{2}$ | 8 |
| $\frac{3}{1}$ | 9 |
| ⋮ | ⋮ |
| $\frac{1}{n}$ | $(n-1)^2 + 1$ |
| $\frac{2}{n}$ | $(n-1)^2 + 2$ |
| ⋮ | ⋮ |
| $\frac{n}{1}$ | $n^2$ |
| ⋮ | ⋮ |

Como é que cheguei a tudo isso? Considere uma fração $\frac{a}{b}$. Posso representá-la pelo ponto da grade $(b, a)$, e acabo de mostrar como contar os pontos positivos da grade.

### PROBLEMA 10.7
Demonstre um método para a contagem de todos os números racionais positivos e negativos.

Então $\aleph_0$ é tudo que existe? Felizmente não, porque não se podem usar os números naturais para contar os reais. Vou esboçar uma versão do argumento de Cantor.

Farei uma prova por contradição. Suponhamos que eu tenha uma contagem dos números reais (lembre-se de que posso representar os reais como frações decimais infinitos). Vou me limitar a reais entre 0 e 1:

| Reais | Reais |
|---|---|
| $.a_1 a_2 a_3 a_4 a_5 ...$ | 1 ... |
| $.b_1 b_2 b_3 b_4 b_5 ...$ | 2 ... |
| . | . |
| . | . |
| . | . |
| $.u_1 u_2 u_3 u_4 u_5$ | $n$ |
| . | . |
| . | . |

Agora, vou criar um novo número, $0,v_1 v_2 v_3 v_4 v_5 ...$, de tal forma que

$$v_1 \neq a_1$$
$$v_2 \neq b_2$$
$$\vdots$$
$$v_n \neq um$$
$$\vdots$$

Suponha que este número esteja em nossa lista. Talvez seja o número $m^{\underline{o}}$

$$0,w_1 w_2 w_3 w_4 w_5 \ldots$$

Mas isso não pode ser, porque $0,v_1 v_2 v_3 v_4 v_5 ...$ difere de $0,w_1 w_2 w_3 w_4 w_5 ...$ na posição $m^{\underline{o}}$. Assim, tenho uma contradição, então não posso contar os reais com números naturais.

Vou representar a cardinalidade dos reais com c. Este número transfinito também é chamado de cardinalidade do contínuo ou poder do contínuo. Ainda está em aberto se existem conjuntos com cardinalidade entre c e $\aleph_0$. No entanto, posso mostrar que $c = 10^{\aleph_0}$ da seguinte forma:

Lembre-se de quando, no Capítulo ?, perguntava de quantas maneiras diferentes Pedro poderia contar as balas. Vou fazer algo parecido aqui (vou considerar apenas os reais entre 0 e 1). Qualquer número real entre 0 e 1 tem a expansão decimal (talvez finita)

$$0,a_1a_2a_3a_4a_5\ldots$$

Posso escolher o primeiro algarismo depois do ponto decimal de 10 maneiras diferentes (0, 1, 2, 3, 4, 5, 6, 7, 8, 9); posso escolher o segundo algarismo após o ponto decimal de 10 maneiras diferentes, e assim por diante. Considerando-se que existem $\aleph_0$ algarismos na expansão decimal, existem $10^{\aleph_0}$ possibilidades de um número real entre 0 e 1.

### PROBLEMA 10.8

Prove que $c = 2^{\aleph_0}$.

## ARITMÉTICA COM NÚMEROS INFINITOS

Como antes, Pedro nos mostra o caminho ao contar as balas. (Pode ser interessante você rever o Capítulo 2, especialmente a parte que trata de conjuntos.)

### Adição

Tenho um conjunto $V$ de $v$ balas vermelhas e um conjunto $G$ de $\aleph_0$ balas verdes. Quantas balas tenho no total? Pedro começaria com as vermelhas e contaria 1, 2, 3, 4, 5. Depois, *contando continuamente*, começaria com a primeira das balas verdes, contando 6, depois 7 para a segunda das balas verdes, e assim por diante, com o total, isto é, a cardinalidade de $V \cup G$ – sendo $\aleph_0$. Assim

$$\aleph_0 + 5 = \aleph_0$$

### PROBLEMA 10.9

Prove que $\aleph_0 + N = \aleph_0$ para qualquer número natural finito $N$.

### Subtração

E se eu tirar as balas $V$ do conjunto $V \cup G$? É claro que sobra G, portanto, sugiro que

$$\aleph_0 - N = \aleph_0 \text{ para qualquer número natural finito } N.$$

### PROBLEMA 10.10

Prove que $\aleph_0 - N = \aleph_0$ para qualquer número natural finito $N$.

E se a cardinalidade de $V$ for $\aleph_0$? Neste caso, a cardinalidade de $V \cup G - V$ (estou pressupondo que os elementos de $V$ são diferentes dos de G) é $\aleph_0$. Por outro lado, a cardinalidade de $V - V$ é $\aleph_0$. Na verdade, a cardinalidade da diferença de dois conjuntos arbitrários de cardinalidade 0 – um contendo o outro – é um pouco ambígua.

### PROBLEMA 10.11

Construa dois conjuntos infinitos $A$ e $B$, de modo que a cardinalidade de $A - B$ seja 5. $A$ deve conter $B$, de modo que subtrair a diferença tenha sentido aritmético.

## Multiplicação

A subtração parece um pouco arriscada para conjuntos infinitos. E a multiplicação? Sejam

$$V = \{v_1, v_2, v_3, ...\}$$
$$G = \{g_1, g_2, g_3, ...\}$$

dois conjuntos de cardinalidade $\aleph_0$. Então, posso contar $V \cup G$ da seguinte forma:

| Contagem | Objetos |
|---|---|
| 1 | $v_1$ |
| 2 | $g_1$ |
| 3 | $v_2$ |
| 4 | $g_2$ |
| ⋮ | ⋮ |
| $2n + 1$ | $v_n$ |
| $2n + 2$ | $g_n$ |
| ⋮ | ⋮ |

Isto é, faço do modo como contei os números inteiros. Assim, $\aleph_0 + \aleph_0 = \aleph_0$, ou

$$2 \cdot \aleph_0 = \aleph_0$$

### PROBLEMA 10.12
Mostre que $N \cdot \aleph_0 = \aleph_0$ para qualquer número natural finito $N$.

E de $\aleph_0 \cdot \aleph_0$? Lembre-se dos pontos da grade no plano:

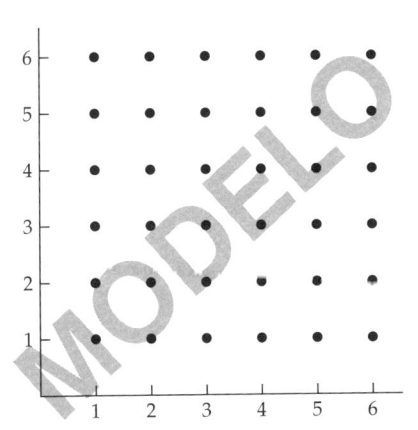

*Fonte:* O autor.

A primeira linha de pontos da grade tem cardinalidade $\aleph_0$, assim como a segunda, e assim por diante. Além disso, existem $\aleph_0$ linhas. Portanto, $\aleph_0 \cdot \aleph_0 = \aleph_0$.

## PROBLEMA 10.13
Mostre que $\aleph_0^N = \aleph_0$ para $N$ é um número natural finito [*Dica*: Use a indução.]

## Divisão

Vou usar a ideia de partilha justa* para calcular problemas como $\aleph_0 \div 3$. Por exemplo, suponha que eu tenha um conjunto $C$ de $\aleph_0$ biscoitos para dividir entre três pessoas. Seja

$$C = \{c_1, c_2, c_3, c_4, c_5, c_6, c_7, \ldots\}$$

Logo

| Pessoa 1 | Pessoa 2 | Pessoa 3 |
|---|---|---|
| $c_1$ | $c_2$ | $c_3$ |
| $c_4$ | $c_5$ | $c_6$ |
| $\vdots$ | $\vdots$ | $\vdots$ |
| $c_{3n+1}$ | $c_{3n+2}$ | $c_{3n+3}$ |

Assim, cada pessoa recebe $\aleph_0$ biscoitos.

## PROBLEMA 10.14
Demonstre que $\aleph_0 \div N = \aleph_0$ para qualquer número natural finito $N$.

E que dizer de $\aleph_0 \div \aleph_0$? Como a divisão está relacionada à subtração, pode haver problemas. Considere o caso em que temos $\aleph_0$ pessoas e $\aleph_0$ biscoitos. Posso dividi-los de modo que cada pessoa receba 1. No entanto, acho que poderia dividi-los de forma a que cada pessoa recebesse dois.

## PROBLEMA 10.15
Como eu poderia dividir os biscoitos para que cada pessoa receba (a) dois, (b) três?

## INVESTIGAÇÕES

1. Examine a vida matemática de Cantor.
2. Ao falar sobre o infinito, o matemático David Hilbert (1862-1943) costumava contar a história de um hotel com $\aleph_0$ quartos. Uma versão dessa história é a seguinte:[5]

> Um viajante chega a um hotel tarde da noite. Ele vai à recepção e pergunta: "Quantos quartos há neste hotel?". O atendente diz: "Quarenta e sete, e todos ocupados". O viajante diz: "Você pode me dar um quarto". O atendente diz: "Não, sinto muito, todos os quartos estão ocupados. Eu já lhe disse".
> O viajante dirige mais alguns quilômetros e chega ao Grand Hotel. Ele vai à recepção e pergunta: "Quantos quartos há neste hotel?". A atendente diz: "Aleph-nulo ($\aleph_0$), e todos ocupados." O viajante diz: "Você pode me dar um quarto?". A atendente diz: "Claro. Vou trocar o hóspede do quarto 1 para o quarto 2 e o do quarto 2 para o 3, e assim por diante. Então, você pode ficar no quarto 1".

---
* N. de R.T.: Partilha justa é o mesmo que divisão equitativa, isso é, em partes iguais.

A notícia se espalha e as pessoas correm para o Grand Hotel. Um dia acontece de $\aleph_0$ pessoas aparecerem. O atendente começa, como de costume, a encontrar espaço, deslocando hóspedes para os próximos quartos de número superior. No entanto, fica claro, após os dois primeiros recém-chegados (e ela ainda tem $\aleph_0$), que vai levar algum tempo. Você pode ajudá-la?

[*Dica*: Que tal começar colocando o hóspede do quarto 1 no quarto 2, o do quarto 2 no quarto 4 e o do quarto 3, no 6?]

3. Mencionei brevemente a Hipótese do Contínuo. Descreva sua essência e sua história.
4. No início do século XX, vários matemáticos e filósofos começaram um (re)exame dos fundamentos da matemática para esclarecer de uma vez por todas uma série de enigmas matemáticos/filosóficos – o paradoxo de Zenão sobre a Lebre era um deles. No meio desse trabalho (cerca de 1902), Bertrand Russell propôs um novo paradoxo que era mais ou menos assim:

> Você recebe um *agrupamento* de $R$ objetos – um membro de $R$ pode ser um item único, um grupo de itens ou uma mistura dessas possibilidades – e a partir desses objetos você constrói o agrupamento $S$, tal que cada membro $P$ de $S$ não seja membro de seu próprio agrupamento. Há, em essência, dois casos:
>
> Caso 1: $S$ não é membro do seu próprio *agrupamento*. No entanto, isto implica, por definição, que $S$ seja membro de $S$, e por suposição, $S$ não é membro de $S$.
>
> Caso 2: $S$ é membro de seu próprio agrupamento. No entanto, isto implica que, por definição, $S$ não seja membro de $S$, e por suposição, $S$ seja membro de $S$.

Talvez você possa sugerir uma maneira de sair deste paradoxo, mas, em qualquer caso, resuma a resposta de Russell e da comunidade matemática da época.

5. Tenho limitado muito da minha discussão sobre infinito a números cardinais transfinitos. No entanto, também existem os números ordinais transfinitos. Em certo sentido, a abordagem de Cantor é razoavelmente simples. Eu começo a contar, e quando passo dos números naturais, estou em $\omega$. O seguinte número desse tipo é, naturalmente, $\omega + 1$, e assim por diante.

As coisas ficam muito interessantes quando eu passo à adição, porque com ordinais, de fato, conto de forma contínua. Ou seja, digamos que eu comece com 5 e queira adicionar mais 4. Diria: "*Cinco*, seis, sete, oito, nove. Tenho nove". Usando essa abordagem, adicione (a) 1 mais $\omega$ e (b) $\omega$ mais 1. Lembre-se de explicar as suas respostas.

## NOTAS

1. Observe que, enquanto Yvonne percebe que pode continuar a subdividir (embora seja mais difícil de fazê-lo à medida que as peças ficam menores) e continua a acrescentar os pedaços à parte cada pessoa, ela não está pensando nisso como uma representação de série infinita de $\frac{4}{3}$.
2. Um ponto importante na minha história é que Pedro não está apenas dizendo os nomes dos números, como em uma espécie de canto, e sim está usando os números naturais para marcar cada uma das balas.
3. Observe que 1 conta o ponto de grade (1, 1), 2 conta o ponto da grade (2, 1), 3 conta o ponto da grade (2,2), 4 conta o ponto da grade (1, 2) e assim por diante.
4. Esta é uma versão do argumento de Cantor.
5. Como acontece com qualquer boa história, há muitas adaptações. Esta é uma.

## REFERÊNCIAS

BALL, D. L.; BASS, H. Making mathematics reasonable in school. In: KILPATRICK, J.; MARTIN, W. G.; SHIFTER, D. (Ed.). *A research companion to principles and standards for school mathematics*. Reston: NCTM, 2003.

JOSEPH, G. G. *The crest of the peacock: non-European roots of mathematics*. New York: St. Martin's, 1991.

# APÊNDICE

# *Ferramentas para a compreensão*

Este apêndice contém uma miscelânea de itens que julguei úteis para a leitura deste livro e que pareciam melhor tratados fora dessa leitura. Para este fim, discuti brevemente a noção de variáveis, esclareci parte da notação que emprego para subscritos e expoentes, listei algumas das propriedades importantes da aritmética (propriedades que muitas vezes são consideradas dadas) e, porque sua verdade é pressuposta em vários capítulos, apresentei a prova do Teorema Fundamental da Aritmética.

## Variáveis

As variáveis são cruciais para qualquer conversa matemática e ocorrem muito cedo nas conversas informais das crianças sobre matemática. Por exemplo, um professor pode perguntar a uma criança "quanto é um mais cinco" e depois que a criança disser "seis", o professor pode dizer "e como é que você sabe?". Se a criança responde: "Se você somar um a qualquer número, sempre terá um a mais", a expressão *qualquer número* está sendo usada como uma variável.

Vejamos outro exemplo. Suponha que estejamos conversando sobre números pares e ímpares e eu digo: "A soma de dois números ímpares é sempre par." Você diz: "Sim, três mais três dá seis e cinco mais três dá oito". Eu poderia dizer: "Mas quero dizer que a soma de *quaisquer* dois números ímpares é par." Com isso, quero dizer que, se $n$ representa qualquer número ímpar e $m$ representa qualquer número ímpar, sua soma $n + m$ é par. Aqui, $n$ e $m$ são variáveis, porque não especifiquei o seu valor. No seu exemplo, $n$ pode ser 3 e $m$ pode ser 3 (ou $n$ pode ser 5 e $m$ pode ser 3).

O poder desse tipo de linguagem fica claro quando refletimos sobre o que é um número par; por exemplo, é duas vezes algum número. Pense um pouco a respeito. Dois, por exemplo, é de duas vezes 1, e 52 é de duas vezes 26. Assim, generalizando um pouco, como os números ímpares são apenas 1 mais números pares, pode-se dizer que um número ímpar é duas vezes o número par mais 1. Assim, por exemplo, 3 é duas vezes 1 mais 1, e 53 é duas vezes 26, mais 1.

Portanto, poderia escrever em notação variável, onde $N$ e $M$ agora representam *qualquer número*, que quaisquer dois números ímpares são representados por

$$2 \cdot N + 1$$
$$2 \cdot M + 1$$

Qual é a soma destes números? Reorganizando um pouco, temos

$$2 \cdot N + 1 + 2 \cdot M + 1 = 2 \cdot N + 2 \cdot M + 2$$

e usando a propriedade distributiva (sobre a qual vou falar mais detalhadamente em seguida), temos

$$2 \cdot N + 1 + 2 \cdot M + 1 = 2 \cdot N + 2 \cdot M + 2$$
$$= 2(N + M + 1)$$

No entanto, por definição $2(N + M + 1)$ é um número par, e, portanto, provei, de um modo bastante eficiente, usando *variáveis*, que a soma de quaisquer dois números ímpares é par.

## Subscritos e expoentes

Neste livro, usei duas notações abreviadas comuns, sem muita explicação. A primeira delas são os expoentes – por exemplo, $2^3$, que é pronunciado "dois ao cubo" ou "dois na terceira potência". Com isso, quero indicar simplesmente o produto

$$2 \cdot 2 \cdot 2 = 8$$

Existem alguns casos especiais:

$$1^1 = 1$$
$$2^1 = 2$$
$$3^1 = 3$$
$$\cdot$$
$$\cdot$$
$$\cdot \quad \text{[Isso significa "e assim por diante".]}$$

e

$$1^0 = 1$$
$$2^0 = 1$$
$$3^0 = 1$$

A regra para expoentes negativos é simplesmente que, quando $n$ é um número diferente de zero e $k$ é um número inteiro positivo,

$$n^{-k} = \frac{1}{n^k}$$

Observe que considero $0^0$ indefinido.

Os subscritos são uma notação útil para distinguir sistematicamente as variáveis. Por exemplo, para distinguir simbolicamente cinco maçãs, poderia escrever

$$a_1, a_2, a_3, a_4, a_5$$

Isso seria dito formalmente como "*a* sub-um, *a* sub-dois, *a* sub-três, *a* sub-quatro e *a* sub-cinco" e um pouco menos formalmente como "*a* um, *a* dois, *a* três, *a* quatro, *a* cinco".

## Propriedades fundamentais da aritmética

No caso de você ter esquecido, vamos rever a propriedade distributiva e algumas das outras propriedades fundamentais de aritmética. A seguir, vou usar a notação variável $n$, $m$ e $p$ para designar quaisquer três números reais. Observe que nós, como professores, pressupomos explícita ou implicitamente algum conhecimento de todas essas propriedades no currículo de matemática.

**Propriedade comutativa da adição**
$n + m = m + n$                     Exemplo: $2 + 3 + 2 = 3$

**Propriedade associativa da adição**
$(n + m) + p = n + (m + p)$         Exemplo: $(2 + 3) + 5 = 2 + (3 + 5)$

**Propriedade comutativa da multiplicação**
$n \cdot m = m \cdot n$             Exemplo: $2 \cdot 3 = 3 \cdot 2$

**Propriedade associativa da multiplicação**
$(n \cdot m) \cdot p = m \cdot (n \cdot p)$   Exemplo: $(2 \cdot 3) \cdot 5 = 2 \cdot (3 \cdot 5)$

**Propriedade distributiva**
$n \cdot (m + p) = n \cdot m + n \cdot p$    Exemplo: $2 \cdot (3 + 5) = 2 \cdot 3 + 2 \cdot 5$

**Anulação aditiva**
Se $m + p = n + p$, então $m = n$.   Exemplo: $3 + 5 = 3 + 5$ para $5 = 5$

**Anulação multiplicativa**
Seja $p$ diferente de zero.
Se $m \cdot p = n \cdot p$, então $m = n$.   Exemplo: $2 \cdot 3 = 2 \cdot 3$, logo $2 = 2$

**Ordenação total**
Para todos os $m$, $n$: $m \leq n$ ou $n \leq m$.

## Teorema Fundamental da Aritmética

O teorema diz que cada número composto $N$ pode ser fatorado exclusivamente em fatores primos:

$$N = p_1^{a_1} p_2^{a_2} \cdots p_r^{a_r} \qquad (A)$$

onde os $p_i$ são os vários fatores primos diferentes e $a_i$ é a multiplicidade, isto é, o número de vezes que $p_i$ ocorre na fatoração em primos. A prova que apresento pode ser atribuída, em grande parte, a Euclides, mas Karl Friedrich Gauss ofereceu a primeira prova completa.

*Prova*: Preciso mostrar que (1) cada número composto pode ser representado como em (A), e (2) esta é uma representação única.

*Representação*. Procedo por contradição e suponho que exista um número inteiro composto positivo, isto é, não é 1 nem um primo – que não pode ser fatorado como produto de números primos. Então, pelo princípio da boa ordenação,[1] deve haver um número menor desse tipo, $N$. No entanto, como $N$ é composto,

$$N = a \cdot b \qquad (B)$$

onde $a$ e $b$ são números inteiros positivos menores do que $N$. Como $a$ e $b$ são menores do que $N$, cada um pode ser fatorado como produto de números primos, e portanto, seu produto, N, também pode ser escrito como um produto de números primos. Esta é uma contradição.

*Singularidade.* Mais uma vez, procedo por contradição. Pressuponha que um determinado número inteiro N tenha duas fatorações diferentes,[2]

$$N = p_1 p_2 \ldots p_r \tag{C}$$

e

$$N = q_1 q_2 \ldots q_r \tag{D}$$

Posso pressupor, sem perda de generalidade, que $N$ é o menor desses números inteiros.

Agora, $p_i \neq q_j$ para $0 \leq i \leq r$ e $0 \leq j \leq s$, porque, se houvesse esse $p_i$ e $q_j$, o inteiro $M = \frac{N}{p_i}$ seria menor do que $N$ e teria duas fatorações diferentes. Isto é contrário a $N$ ser o menor número desses inteiros com esta propriedade. Assim, posso supor, sem perda de generalidade,[3] que $p_1 < q_j\, 0 \leq j \leq s$, e, tendo em mente que $N$ é o menor número inteiro com duas fatorações diferentes, temos

$$q_1 = d \cdot p_1 + t$$

onde $1 \leq d$ e $0 < t < p_1$. Se eu substituir isso em (D), tenho

$$N = (d \cdot p_1 + t)\, q_2 \ldots q_r$$
$$= d \cdot p_1 \cdot q_2 \ldots q_r + t \cdot q_2 \ldots q_r$$

Estabelecendo

$$M = N - d \cdot p_1 \cdot q_2 \ldots q_r$$
$$= t \cdot q_2 \ldots q_r$$

Fatorando $p_1$, temos

$$M = p_1 \cdot (p_2 \ldots p_r - d \cdot q_2 \ldots q_r)$$

Assim, há uma fatoração em primos de $M$ que inclui $p_1$, mas existe também uma que não inclui:

$$M = t \cdot q_2 \ldots q_r$$

Como $1 \leq d$, tenho $M < N$ e, portanto, uma contradição, já que $N$ era o menor inteiro com esta propriedade.

Então, como se queria demonstrar, cada número composto $N$ pode ser fatorado exclusivamente em fatores primos:

$$N = p_1^{a_1} p_2^{a_2} \cdots p_r^{a_r}$$

onde os $p_i$ são as várias diferentes fatores primos e $a_i$ é a multiplicidade.

# NOTAS

1. O princípio da boa ordenação estabelece que todo conjunto não vazio de inteiros positivos contém um membro menor.
2. Observe que um primo pode ser repetido nesta fatoração.
3. Digamos, por exemplo, que eu liste os $q_j$ em ordem decrescente e depois compare os $p_i$ com o menor na série. Se um dos $p_i$ for menor do que todos os $q_j$, concluí. Se nenhum dos $p_i$ for menor do que o menor $q_j$, então, com efeito, intercambio (C) e (D) na prova.

# Índice

## A

ábaco, 43-44
abordagens tabulares, 55-56
adição, 41-60
   algoritmos de números inteiros para, 46-51
   combinatória, 35-36
   de decimais, 132-134
   de frações, 118-122
   de números infinitos, 164
   de números negativos, 72-74
   perspectiva do desenvolvimento sobre, 43-46
   perspectiva histórica sobre, 41-44
   problemas indeterminados em, 55-58
   propriedade associativa, 171
   propriedade comutativa da, 171
   repetida, 83-84
   série aritmética e números figurados, 51-55
aditividade, em aritmética de restos, 104-105
aleph-nulo ($\aleph_0$), como representação do infinito, 159-160, 163-167
algoritmo convencional
   de adição, 48-49
   de divisão, 98
   de subtração, 68, 70-71
algoritmo de adição alternativo, 48-49
algoritmo de adições para a subtração, 62-65
algoritmo de decomposição para a subtração
   descrição, 62-64
   em base 10, 67-69
algoritmo de igualdade de adições para subtração, 62-64, 69-70
algoritmo para a subtração da esquerda para a direita, 69-70
algoritmos
   de Euclides, 117-118
   para adição, 46-47-51
   para divisão, 98, 100-102
   para frações
      adição e subtração de, 118-122
      multiplicação e divisão de, 122-125
   para multiplicação, 85-88
   para subtração, 66-71
      da esquerda para a direita, 69-70
      de igualdade de adições, 69-70
      decomposição, 67-69
      padrão, 68, 70-71
      panorama de, 62-65
algoritmos de números inteiros, *ver também* números reais
   para adição, 46-51
   para divisão, 100-102
   para multiplicação, 85-88
   para subtração, 66-71
al-Khowârizmi, 108
al-Kushi, 143
anulação aditiva e multiplicativa, 171
anulação multiplicativa, 171
*apeiron* (infinito), 157
*apodeixis* (prova grega), 18, 21-22
aproximação, 142-143
área, comparando, 17-18
Aristóteles, 157
*arithmetica* (Diofanto), 70-71
aritmética
   de restos, 103-106
   decimais, em 132-136
   frações, 114-125
      algoritmos de adição e subtração para, 118-122
      algoritmos de multiplicação e divisão para, 122-125
      equivalente, 115-119
   modular, 102-107
   números infinitos em, 164-167

números reais em, 146-149
propriedades de, 170-171
relógio, do 21, 102-107
subtração em, 61
Teorema Fundamental da Aritmética para, 90, 151-152, 169, 171-173
aritmética do relógio, 36-37, 102-107
aritmética modular, 102-107
Arquimedes, 55, 81-82, 141-143, 145-146
arredondamento, 80
Aryabhata, 142
associação mecânica, 84
"avanço gradual" em divisão, 100

## B

base 10, *ver também* decimais
  adição em, 46-50
  notação científica em, 37-38
  subtração em, 67-70
base 2, 50
base 6, subtração de, 69-71
Bháskara, 113-114
bilhão, 38-39
blocos de montar, 17
Brahmagupta, 57, 71-72, 141-142

## C

cantor, George, 157, 159-160, 163
cardinalidade, 44-45, 159-160, 162
*Carmen de Algorismo* (de Villa Dei), 43-44
circunferência dos círculos, 141-143, 145-146
coeficientes, 57, 70-71
computadores, sistema binário para, 36-37
congruências, 17-18, 102-104, 106-109
conjecturas, 18-19, 23-24, 34-35
conjuntos, 30-32
contagem, 18-19, 27-40; *ver também* adição
  combinatória e, 35-36
  conjuntos e, 30-32
  funções e, 32-35
  grandes números, 38-40
  infinito e, 157
  para baixo, 64-65
  perspectiva de desenvolvimento sobre, 29-30
  perspectiva histórica sobre, 27-30
  sistemas numéricos posicionais para, 36-39
contradição, prova por, 23-26, 89, 141, 163
covariação, 125-126
*Craft of Nombrynge, The* (Steele), 43
Crivo de Eratóstenes, 88

## D

de Muris, Johannis, 130
de Villa Dei, Alexander, 43-44
decimais, 130-139; *ver também* frações
  adição e subtração de, 132-134
  infinitos, 135-137, 147-148
  multiplicação e divisão de, 133-136
  não repetidos infinitos, 140, 152-153
  notação para, 113
  perspectiva de desenvolvimento sobre, 131-133
  perspectiva histórica sobre, 130-131
decimais infinitos, 130, 135-137, 147-148
decimais infinitos não repetidos, 140, 152-153
dedução, 18-19
denominadores, de frações, 118-120
denominadores comuns das frações, 120
deslocamento, na linha de números 71-72
10; *ver* base 10; decimais
diagramas de Venn, 31-32, 40
diferenças; *ver* subtração
diferenças de vetor, 71-72
Diofanto, 70-71
dividendos, 99
divisão, 94-111
  algoritmos de números inteiros para, 100-102
  aritmética do relógio e, 102-107
  de decimais, 133-136
  de frações, 122-125
  de números infinitos, 165-167
  divisibilidade e, 106-108
  método de *noves fora* para, 107-109
  perspectiva do desenvolvimento da, 98-100
  perspectiva histórica sobre, 94-98
  problemas indeterminados em, 108-110
divisibilidade, 106-108
dobrando números, 79-80
dobrar (duplicação), 80
2, raiz quadrada de, 142-146, 152-153

## E

empréstimos como algoritmo de subtração, 62-63
equações simultâneas, 70-71
equivalente mínimo, na redução de frações, 117-118
estimativa, 48-49, 100
estratégia de construção, 126-127
estratégias de contagem saltada, 83-84, 88-89
Euclides, 17-19, 88-89, 100, 117-118, 125, 171

Eutocius de Ascalon, 81
exaustão, prova por, 19-22
expoentes, 170

## F

fatoração, 75-76, 90-91, 171-173, *ver também*
 números primos
fazer dez, 48-49
*física* (Aristóteles), 157
frações, 112-129; *ver também* decimais
 aritmética com, 114-125
  algoritmos de adição e subtração para,
   118-122
  algoritmos de multiplicação e divisão
   para, 122-125
  frações equivalentes, 115-119
 arredondamento e, 80
 contínuas, 152-154
 perspectiva do desenvolvimento sobre,
  113-115
 perspectiva histórica sobre, 112-114
 razões e proporcionalidade com, 125-127
frações
 comuns, 113-114
 contínuas, 152-154
 equivalentes, 115-119, 134-135
 sexagesimais, 113, 130
 vulgares, 113-114
funções, 32-35, 57

## G

*Gantia Sara-Sangraha* (Mahaviracarya), 58
Garfield, James, 149
Gauss, Karl Friedrich, 51-52, 102-103, 157, 171
grandes números, 38-40
*Grounde of Artes, The* (Recorde), 61-62, 98,
 113-114

## H

Heródoto, 41-42
*Holder's Arithmetic*, 97

## I

indução, prova por, 22-24, 34-35, 51-52
*Introductio arithmetica* (Nicômaco de Gerasa),
 82-83

## J

Joseph, George C., 18-19

## K

Kui, Li, 61

## L

linha de números, 70-73, 115-116, 161-162
logaritmos naturais (e), 141-142
lógica propositiva, 18-20

## M

Mahaviracarya, 58
matemáticos jainistas, 156
matemáticos védicos, 156
máximo divisor comum de frações, 121
mediação (redução pela metade), 80
*medição do círculo* (Arquimedes), 81-82
memorização de tabuadas, 83-84
método
 da *galé* de divisão, 97
 da *prova dos nove*, 107-109
 de combinação para multiplicação,
  83-84
 de divisão por *risco*, 95-96
métodos de "chute e verificação", 55-56
mínimos denominadores comuns de frações,
 120
mínimos divisores comuns de frações,
 121
minuendos, 68-69, 71-72
modificação de Brownell, 62-63
Moser, Leo, 38-40
multiplicabilidade em sistemas de restos,
 104-106
multiplicação, 79-93
 algoritmos de números inteiros para,
  85-88
 de decimais, 133-136
 de frações, 122-125
 de números infinitos, 164-166
 de números negativos, 74-77
 fatoração e, 90-91
 números primos e, 87-89
 perspectiva do desenvolvimento sobre,
  83-85
 perspectiva histórica sobre, 79-84
 proporções e, 126-127
 propriedade associativa, 171
 propriedade comutativa da, 171
multiplicação cruzada, 126-127
multiplicadores experimentais, 95-96
multiplicatividade, em aritmética de restos,
 104-106

## N

Nicômaco de Gerasa, 82-83
*Nine Chapters on the Mathematical Art, The* (Suanshu), 70-71
notação
  científica, 36-38
  decimal, 113
  funcional, 57
  para operações de conjuntos, 31-32
numerais Gobar (pó), 29
números
  com sinal, 70-71
  complexos, 140
  figurados, 51-55
  gregos áticos, 28
  imaginários, 140
  ímpares, 18-19
  infinitos, 156-168
    adição e subtração de, 164-165
    multiplicação e divisão de, 164-167
    perspectiva do desenvolvimento sobre, 157-160
    perspectiva histórica sobre, 156-157
    variedades de 159-164
  irracionais, 140, 152-153
  naturais; *ver* números reais
  negativos, 70-77
    multiplicando, 74-77
    na linha de números 70-73
    somando, 72-74
    subtraindo, 73-75
  pares, 18-19, 21-22
  poligonais, 54
  potencialmente infinitos, 157
  primos, 23-26, 151-152, 171-173, *ver também* fatoração
  racionais, 130, *ver também* frações
  reais, 140-155
    aritmética com, 146-149
    frações contínuas em, 152-154
    panorama de, 140-142
    perspectiva de desenvolvimento da, 145-147
    perspectiva histórica sobre, 141-146
    Teorema de Pitágoras e, 149-153
  transfinitos, 156-168

## O

ordem sequencial de números, 29-30
ordenação total, 171

ordinalidade, 29-30
*Os elementos* (Euclides), 17-19, 117-118

## P

Pacioli, Luca, 82-83
padrões sistemáticos, 18-21
papiro de Ahmes, 94, 113
papiro de Rhind, 79, 94
paradoxos de Zenão, 157
parcelas, 34-35
pares, grupos de 21-22
partilha, divisão e, 98
Pellizzati, Francesco, 131
permutações, 35-36
pi ($\pi$), 141-143
polígonos, 142-143
potências de 25-26, 68
Pratt-Cotter, Mary, 62-63
preceitos, 19-20
problemas de decomposição, como frações, 114-115
problemas de separação de números inteiros, frações como, 114-115
problemas indeterminados
  em adição, 55-58
  em divisão, 108-110
processo aditivo horizontal, 48-49
produtos, 83-84, 122, *ver também* multiplicação
proporcionalidade, 125-127
propriedade
  associativa da adição, 171
  associativa da multiplicação, 171
  comutativa da adição, 171
  comutativa da multiplicação, 84, 171
  distributiva
    definição de, 171
    em multiplicação, 85-87
    em subtração, 68-71
    para funções, 34-35
prova
  perspectiva do desenvolvimento sobre, 18-19
  perspectiva histórica sobre, 17-19
  por contradição, 23-26, 89, 141, 163
  por exaustão, 19-22
  por indução, 22-24, 34-35, 51-52
  por postulados, 21-23
  por postulados simbólica, 21-22

## Q

quadrados, 17, 145-146
quocientes, 99, *ver também* divisão

## R

raciocínio proporcional, 125-126
raiz quadrada de 2, 142-146, 152-153
razão áurea, 141-142, 153-154
razões, 125-127
reagrupamento, 48-49
recíprocos de frações, 125
Recorde, Robert, 61-62, 98, 113-114
redução, em aritmética de frações, 116-117
redução pela metade, 80
reflexividade, na aritmética dos restos, 103-106
Regra de Três, em proporções, 126-127
restos, aritmética de, 103-106, *ver também* divisão
retângulos, 17-18
Ross, Susan, 62-63
Rudolf, Christian, 131

## S

separatriz (ponto decimal), 131
série aritmética, 51-55
simetria, em aritmética de restos, 104-105
sistema
  binário, 36-37
  numérico chinês, 28
  numérico japonês, 28
sistemas
  de agrupamento multiplicativos, 28
  de agrupamento simples, 28
  de grupos multiplicativos, 28
  de marcação, 33-34
  de representação para contagem, 27
  egípcios de registro, 27-28
  multiplicativos de agrupamento, 28
  numéricos cifrados, 29
  numéricos hindu-arábicos, 29
  numéricos posicionais, 36-39
somas, *ver* adição
Steele, Robert, 43-44
Stevin, Simon, 131-132

Suanshu, Jiuzhang, 70-71
subscritos, 170
subtração, 55-56, 61-78
  algoritmos de números inteiros para, 66-71
  de decimais, 132-134
  de frações, 118-122
  de números infinitos, 164-165
  números negativos e, 70-77
  perspectiva do desenvolvimento sobre, 63-67
  perspectiva histórica sobre, 61-64
subtraendos, 68-69, 71-72
*Summa de arithmetica, geometrica, proportioni et proportionolitá* (Pacioli), 82-83

## T

tábua de contagem romana, 41-42
tabuleta de argila, 41
tabuleta ração, 41-42
talha de contagem, 27
tentativa e erro, 18-19
Teorema de Pitágoras, 17-18, 141-142, 145-146, 149-153
Teorema dos Números Primos, 89
Teorema Fundamental da Aritmética, 90, 151-152, 169, 171-173
Theon, 143-144
triângulos, 17

## U

*upapattis* (prova indiana), 18-19

## V

variáveis, 169-170

## Y

Yale Babylonian Collection, 41
YouTube, 82-83

## Z

Zeno, paradoxos de, 157
zero, 36-37, 50, 72-73

IMPRESSÃO:

**Pallotti**
GRÁFICA EDITORA
IMAGEM DE QUALIDADE

Santa Maria - RS - Fone/Fax: (55) 3220.4500
**www.pallotti.com.br**